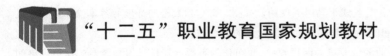

"十二五"职业教育国家规划教材

图形图像处理（CorelDRAW X6）

于　斌　主　编
段　欣　主　审

电子工业出版社
Publishing House of Electronics Industry
北京·BEIJING

内 容 简 介

本书根据教育部颁发的《中等职业学校专业教学标准（试行）信息技术类（第一辑）》中的相关教学内容和要求编写。

本书采用案例、模块教学的方法，以案例引领的方式分 8 个模块讲述了 CoreIDRAW X6 的基本操作，绘图与填充工具，图形的编辑与管理，交互式工具组的使用，位图、文本和表格的处理等基本操作，并通过综合应用的方式全面展示了使用 CoreIDRAW 软件进行平面设计的综合技巧。

本书是计算机动漫与游戏制作专业的专业核心课程教材，也可作为各类计算机动漫与游戏制作培训班的教材，还可以供计算机动漫与游戏制作人员参考学习。

图书在版编目（CIP）数据

图形图像处理. CorelDRAW X6 ／于斌主编. —北京：电子工业出版社，2016.9

ISBN 978-7-121-24842-9

I. ①图… Ⅱ. ①于… Ⅲ. ①图象处理软件－中等专业学校－教材②图形软件－中等专业学校－教材

Ⅳ. ①TP391.41

中国版本图书馆 CIP 数据核字（2014）第 274853 号

策划编辑：关雅莉

责任编辑：关雅莉

印　　刷：北京虎彩文化传播有限公司

装　　订：北京虎彩文化传播有限公司

出版发行：电子工业出版社

　　　　　北京市海淀区万寿路 173 信箱　　邮编：100036

开　　本：787×1092　1/16　印张：14.5　字数：371.2 千字

版　　次：2016 年 9 月第 1 版

印　　次：2024 年 8 月第 12 次印刷

定　　价：29.80 元

凡所购买电子工业出版社图书有缺损问题，请向购买书店调换。若书店售缺，请与本社发行部联系，联系及邮购电话：（010）88254888，88258888。

质量投诉请发邮件至 zlts@phei.com.cn，盗版侵权举报请发邮件至 dbqq@phei.com.cn。

本书咨询联系方式：（010）88254617，luomn@phei.com.cn。

编审委员会名单

主任委员：

武马群

副主任委员：

王　健　　韩立凡　　何文生

委　　　员：

丁文慧	丁爱萍	于志博	马广月	马永芳	马玥桓	王　帅	王　苒	王　彬
王晓姝	王家青	王皓轩	王新萍	方　伟	方松林	孔祥华	龙天才	龙凯明
卢华东	由相宁	史宪美	史晓云	冯理明	冯雪燕	毕建伟	朱文娟	朱海波
向　华	刘　凌	刘　猛	刘小华	刘天真	关　莹	江永春	许昭霞	孙宏仪
杜　珺	杜宏志	杜秋磊	李　飞	李　娜	李华平	李宇鹏	杨　杰	杨　怡
杨春红	吴　伦	何　琳	佘运祥	邹贵财	沈大林	宋　薇	张　平	张　侨
张　玲	张士忠	张文库	张东义	张兴华	张呈江	张建文	张凌杰	张媛媛
陆　沁	陈　玲	陈　颜	陈丁君	陈天翔	陈观诚	陈佳玉	陈泓吉	陈学平
陈道斌	范铭慧	罗　丹	周　鹤	周海峰	庞　震	赵艳莉	赵晨阳	赵增敏
郝俊华	胡　尹	钟　勤	段　欣	段　标	姜全生	钱　峰	徐　宁	徐　兵
高　强	高　静	郭　荔	郭立红	郭朝勇	黄　彦	黄汉军	黄洪杰	崔长华
崔建成	梁　姗	彭仲昆	葛艳玲	董新春	韩雪涛	韩新洲	曾平驿	曾祥民
温　晞	谢世森	赖福生	谭建伟	戴建耘	魏茂林			

序 | PROLOGUE

当今是一个信息技术主宰的时代，以计算机应用为核心的信息技术已经渗透到人类活动的各个领域，彻底改变着人类传统的生产、工作、学习、交往、生活和思维方式。和语言和数学等能力一样，信息技术应用能力也已成为人们必须掌握的、最为重要的基本能力。职业教育作为国民教育体系和人力资源开发的重要组成部分，信息技术应用能力和计算机相关专业领域专项应用能力的培养，始终是职业教育培养多样化人才，传承技术技能，促进就业创业的重要载体和主要内容。

信息技术的发展，特别是数字媒体、互联网、移动通信等技术的普及应用，使信息技术的应用形态和领域都发生了重大的变化。第一，计算机技术的使用扩展至前所未有的程度，桌面电脑和移动终端（智能手机、平板电脑等）的普及，网络和移动通信技术的发展，使信息的获取、呈现与处理无处不在，人类社会生产、生活的诸多领域已无法脱离信息技术的支持而独立进行。第二，信息媒体处理的数字化衍生出新的信息技术应用领域，如数字影像、计算机平面设计、计算机动漫游戏、虚拟现实等；第三，信息技术与其他业务的应用有机地结合，如与商业、金融、交通、物流、加工制造、工业设计、广告传媒、影视娱乐等结合，形成了一些独立的生态体系，综合信息处理、数据分析、智能控制、媒体创意、网络传播等日益成为当前信息技术的主要应用领域，并诞生了云计算、物联网、大数据、3D 打印等指引未来信息技术应用的发展方向。

信息技术的不断推陈出新及应用领域的综合化和普及化，直接影响着技术、技能型人才的信息技术能力的培养定位，并引领着职业教育领域信息技术或计算机相关专业与课程改革、配套教材的建设，使之不断推陈出新、与时俱进。

2009 年，教育部颁布了《中等职业学校计算机应用基础大纲》，2014 年，教育部在 2010 年新修订的专业目录基础上，相继颁布了"计算机应用、数字媒体技术应用、计算机平面设计、计算机动漫与游戏制作、计算机网络技术、网站建设与管理、软件与信息服务、客户信息服务、计算机速录"等 9 个信息技术类相关专业的教学标准，确定了教学实施及核心课程内容的指导意见。本套教材就是以此为依据，结合当前最新的信息技术发展趋势和企业应用案例组织开发和编写的。

本套系列教材的主要特色

● **对计算机专业类相关课程的教学内容进行重新整合**

本套教材面向学生的基础应用能力，设定了系统操作、文档编辑、网络使用、数据分析、媒体处理、信息交互、外设与移动设备应用、系统维护维修、综合业务运用等内容；针对专业应用能力，根据专业和职业能力方向的不同，结合企业的具体应用业务规划了教材内容。

● **以岗位工作过程来确定学习任务和目标，综合提升学生的专业能力、过程能力和职位差异能力**

本套教材通过工作过程为导向的教学模式和模块化的知识能力整合结构，体现产业需求与专业设置、职业标准与课程内容、生产过程与教学过程、职业资格证书与学历证书、终身学习与职业教育的"五对接"。从学习目标到内容的设计上，本套教材不再仅仅是专业理论内容的复制，而是经由职业岗位实践——工作过程与岗位能力分析——技能知识学习应用内化的学习实训导引和案例。借助知识的重组与技能的强化，达到企业岗位情境和教学内容要求相贯通的课程融合目标。

● **以项目教学和任务案例实训作为主线**

本套教材通过项目教学，构建了工作业务的完整流程和岗位能力需求体系。项目的确定应遵循三个基本目标：核心能力的熟练程度，技术更新与延伸的再学习能力，不同业务情境应用的适应性。教材借助以校企合作为基础的实训任务，以应用能力为核心、以案例为线索，通过设立情境、任务解析、引导示范、基础练习、难点解析与知识延伸、能力提升训练和总结评价等环节引领学者在任务的完成过程中积累技能、学习知识，并迁移到不同业务情境的任务解决过程中，使学者在未来可以从容面对不同应用场景的工作岗位。

当前，全国职业教育领域都在深入贯彻全国工作会议精神，学习领会中央领导对职业教育的重要批示，全力加快推进现代职业教育。国务院出台的《加快发展现代职业教育的决定》明确提出要"形成适应发展需求、产教深度融合、中职高职衔接、职业教育与普通教育相互沟通，体现终身教育理念，具有中国特色、世界水平的现代职业教育体系"。现代职业教育体系的建立将带来人才培养模式、教育教学方式和办学体制机制的巨大变革，这无疑给职业院校信息技术应用人才培养提出了新的目标。计算机类相关专业的教学必须要适应改革，始终把握技术发展和技术技能人才培养的最新动向，坚持产教融合、校企合作、工学结合、知行合一，为培养出更多适应产业升级转型和经济发展的高素质职业人才做出更大贡献！

2014 年 11 月于大连

前言 ▌PREFACE

为建立健全教育质量保障体系，提高职业教育质量，教育部于 2014 年颁布了中等职业学校专业教学标准（以下简称专业教学标准）。专业教学标准是指导和管理中等职业学校教学工作的主要依据，是保证教育教学质量和人才培养规格的纲领性教学文件。在"教育部办公厅关于公布首批《中等职业学校专业教学标准（试行）》目录的通知"（教职成厅[2014]11 号文）中，强调"专业教学标准是开展专业教学的基本文件，是明确培养目标和规格、组织实施教学、规范教学管理、加强专业建设、开发教材和学习资源的基本依据，是评估教育教学质量的主要标尺，同时也是社会用人单位选用中等职业学校毕业生的重要参考。"

本书特色

本书根据教育部颁发的《中等职业学校专业教学标准（试行）信息技术类（第一辑）》中的相关教学内容和要求编写。

以案例为依托分模块讲解

本书以案例为依托分 8 个模块进行讲解，其中前面 5 个模块介绍了 CorelDRAW 的基本操作，绘图与填充工具，图形的编辑与管理，交互式工具组，位图、文本和表格的处理等基本操作；通过具体的案例讲解工具的应用，提高学生课堂学习的兴趣。在每个案例后面又安排了上机实训，结合课堂讲解的知识点，指导学生完成操作，促进学生巩固所学知识，提高实践能力。最后 3 个模块通过综合实例应用，分别从海报设计、书籍装帧设计和包装盒设计等方面，全面介绍 CorelDRAW 的实践与应用。

本书作者

本书由于斌主编，段欣主审，王蕾、袁娜、陈艳芳等参与了本书的编写。一些职业院校的老师也参与了程序测试、试教和修改工作，在此表示衷心的感谢！

由于编者水平有限，书中疏漏和不足之处难免，敬请读者批评指正。

教学资源

为了方便教师教学，本书还配有电子教学参考资料包，请有需要的教师登录华信教育资源网（http://www.hxedu.com.cn）下载，我们将免费提供。

编　者

目　录

模块一

走进 CorelDRAW X6 的世界

1.1 认识 CorelDRAW X6

CorelDRAW 是加拿大 Corel 公司开发的绘图和图像处理软件产品，它的界面简洁、明快，具有强大的矢量图形制作和处理功能，可以创建复杂多样的美术作品。它具有很好的图文混排功能，强大的导入和导出功能使它具有很好的兼容性，可以满足当今图形专业人员的需求。

CorelDRAW 自 1989 年开发以来，经过不断发展，其版本越来越新，功能越来越强，2012 年发布的 CorelDRAW X6 是迄今为止最强大和最稳健的版本，它新增搜索功能、支持最新的计算机处理器；重新设计的文本引擎能够更好地利用高级 OpenTtpe 拓扑功能；新增多功能颜色和谐和样式工具，能够进行更快速更高效的创作、轻松创建布局，让设计尽显风格与创意。无论是从事广告业、印刷业，还是制造业，CorelDRAW X6 都会提供制作精良且富有创造性的矢量图和专业的版面设计，被广泛应用在以下几个方面。

1）广告设计

CorelDRAW 对于初级或专业的设计师而言，都是理想的平面设计工具，从标志、产品设计、宣传手册到平面广告，CorelDRAW 都能协助设计师灵活地进行构思和创作，高效展现各种创意，如图 1-1 所示为招贴广告设计。

图 1-1　广告设计

2）板式设计

版式设计的功能主要体现在通过版面元素的编排达到信息传递的目的，文字的编排能够保证阅读的流畅，并且通过编排的方法产生一定的美感。CotelDRAW 更易于编排创作出版式统一、协调的视觉效果，如图 1-2 所示为版式设计。

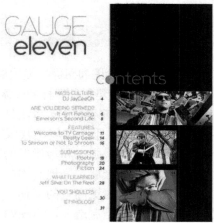

图 1-2　板式设计

3）标志设计

CorelDRAW 具有设计各式各样标志的功能，其中包含超过 100 种的滤镜，可用于输入和输出美工图案与工具，建立自定的图形并配置文字，是标志设计人员的首选图形软件工具，如图 1-3 所示为标志设计。

图 1-3　标志设计

4）包装设计

作为一款流行的图形设计软件，CorelDRAW 除能完成平面设计外，还广泛的应用在产品的外包装设计上，如图 1-4 所示为包装设计。

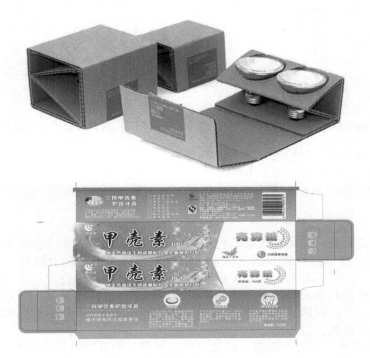

图 1-4　包装设计

5）网页美工设计

CorelDRAW 还可以应用在网页美工设计上，可以设计制作 1:1 的网页，也可以制作网页的背景产品。

1.2　了解基本绘图常识

1. 图形图像基本知识

1）分类

在计算机领域，图像一般可以分为位图图像和矢量图形两大类，这两种图像类型有着各自的优点，在使用 CorelDRAW 处理编辑图像文件时经常交叉使用这两种类型。

（1）矢量图

矢量图使用直线和曲线来描述图形，这些图形的元素是一些点、线、矩形、多边形、圆和弧线等几何图形，它们都是通过数学公式计算获得的，所以对矢量图形的编辑实际上就是对组成矢量图形的一个个矢量对象的编辑。CorelDRAW、AutoCAD 及 Illustrator 所绘制的图形均属此类。矢量图形的主要特征如下：

➤ 图形可任意放大或缩小而不失真，且图像文件小。

➤ 图像色彩不够丰富，无法表现逼真的景物。

矢量图放大前后的对比效果如图 1-5 和图 1-6 所示。

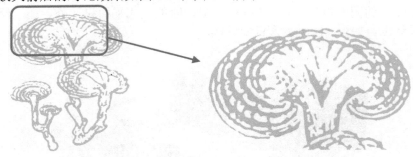

图 1-5　矢量图　　　　　　　　　　图 1-6　矢量图放大后的效果

在平面设计中常用的两种矢量图文件格式如下：

➢ AI：是 Illustrator 的标准文件格式。

➢ CDR：是 CorelDRAW 的标准文件格式，可以输出为 AI 格式，也可以在 Illustrator 中打开。

（2）位图

位图也称为点阵图，它是以大量的色彩点阵列组成的图案，每个色彩点称为一个像素，每个像素都有自己特定的位置和颜色值，所以对位图的编辑实际上就是对一个个像素的编辑。当放大位图时，可以看见构成整个图像的无数个方块。扩大位图尺寸的效果是增大单个像素，会使线条和形状显得参差不齐。同样，缩小位图尺寸是通过减少像素来使整个图像变小，会使原图变形。位图除了可由 Photoshop 等软件生成外，一般由数码相机、扫描仪等设备输出的图像也是位图。位图图像的主要特征如下：

➢ 可以表现出色彩丰富的图像，逼真表现自然界各类景物的图像效果。

➢ 不能任意放大或缩小，且图像文件较大。

位图放大前后的对比效果如图 1-7 和图 1-8 所示。

图 1-7　位图图像　　　　　　　　　　图 1-8　位图图像放大后的效果

2）文件格式

不同的文件有不同的格式，通常可以通过其扩展名来进行区别，对于不同的文件格式，可根据需要在保存或者导入/导出文件时选择合适的文件类型，程序会生成相应的文件格式，并为其添加相应的扩展名。

CorelDRAW 提供了 CDR、JPG、BMP、TIF 等图形文件格式。用户在保存或者导入/导出文件时，可在"保存类型"或者"文件类型"下拉列表框中选择不同的文件格式。常见的图像文件格式主要有以下几种：

➤ CDR 格式：CorelDRAW 生成的默认文件格式，并且只能在 CorelDRAW 中打开。

➤ JPEG 格式：以全彩模式显示色彩，是目前最有效率的一种压缩格式。JPG 格式常用于照片或连续色调的显示，而且没有 GIF 损失图像细部信息的缺点，不过 JPG 采用的压缩是破坏性的压缩，因此会在一定程度上减损图像本身的品质。

➤ BMP 格式：是在 DOS 时代就出现的一种元老级文件格式，因此它是 DOS 和 WINDOWS 操作系统上标准的 WINDOWS 点阵图像格式。以此文件格式存储时，采用一种非破坏性的运行步长（RLE）编码压缩，不会省略任何图像的细节信息。

➤ PSD：Photoshop 中的标准文件格式，是 Adobe 公司为 Photoshop 量身定做的定制格式，也是唯一支持 Photoshop 所有功能的文件类型，包括图层、通道、路径等。它在存储时会进行非破坏性压缩以减少存储空间，打开时速度也较其他格式快。

➤ TIF：由 Aldus 公司早期研发的一种文件格式，至今仍然是图像文件的主流格式之一，同时横跨苹果（Macintosh）和个人电脑（PC）两大操作系统平台，是跨平台操作的标准文件格式，而且也广泛支持图像打印的规格，如分色的处理功能。它采用 LZW（Lemple-Ziv-Welch）非破坏性压缩，但是不支持矢量图形。

3）分辨率

分辨率通常分为显示分辨率、图像分辨率和输出分辨率等。

（1）显示分辨率

显示分辨率是指显示器屏幕上能够显示的像素点的个数，通常用显示器长和宽方向上能够显示的像素点个数的乘积来表示。如显示器的分辨率为 1200×800，则表示该显示器在水平方向可以显示 1200 个像素点，在垂直方向可以显示 800 个像素点，共可显示 960000 个像素点。显示器的显示分辨率越高，显示的图像越清晰。

（2）图像分辨率

图像分辨率是指组成一幅图像的像素点的个数，通常用图像在宽度和高度方向上所能容纳的像素个数的乘积来表示。如分辨率为 1024×768，表示该图像由 768 行、每行 1024 个像素点组成。图像分辨率既反映了图像的精细程度，又表示了图像的大小。在显示分辨率一定的情况下，图像分辨率越高，图像越清晰，同时图像也越大。

（3）输出分辨率

输出分辨率是指输出设备（主要指打印机）在每个单位长度内所能输出的像素点的个数，通常由 dpi（dots per inch，每英寸的点数）来表示。输出分辨率越高，输出的图像质量就越好。

4）颜色模式

颜色模式是指在显示器屏幕上和打印页面上重现图像色彩的模式。不同的颜色模式中用于图像显示的颜色数不同，拥有不同的通道数和图像文件大小。CorelDRAW 中常用的主要有以下几种颜色模式。

（1）灰度模式

灰度模式只有灰度色（图像的亮度）、没有彩色。在灰度色图像中，每个像素都以 8 位或 16 位显示，取值范围在 0（黑色）~255（白色）之间，即最多可以使用 256 级灰度。

（2）RGB 模式

RGB 模式用红（R）、绿（G）、蓝（B）三原色混合产生各种颜色，该模式图像中每个像素 R、G、B 的颜色值均在 0~255 之间，每个像素的颜色信息由 24 位颜色位深度来描述，即所谓的真彩色。RGB 模式是 Photoshop 中最常用的颜色模式，也是 Photoshop 默认的颜色模式。对于编辑图像而言，RGB 是最佳的颜色模式，但不是最佳的打印模式，因为其定义的许多颜色都超出了打印范围。

（3）CMYK 模式

CMYK 模式是一种减色色彩模式，是一种基于青（C）、洋红（M）、黄（Y）和黑（K）4 色印刷的印刷模式。CMYK 模式是通过油墨反射光来产生色彩的，因其中一部分光线会被吸收，所以该模式定义的色彩数比 RGB 模式少得多，是最佳的打印模式。若图像由 RGB 模式直接转换为 CMYK 模式时必将损失一部分颜色。

（4）Lab 模式

Lab 模式由三个通道组成，其中，L 通道是亮度通道；a 通道是从深绿色（低亮度值）到灰色（中亮度值），再到亮粉红色（高亮度值）的颜色通道；b 通道是从亮蓝色（低亮度值）到灰色（中亮度值），再到焦黄色（高亮度值）的颜色通道。

Lab 模式是 Photoshop 内部的颜色模式，可以表示的颜色最多，是目前色彩范围最广的一种颜色模式。在颜色模式转换时，Lab 模式转换为 CMYK 模式时不会出现颜色丢失现象，因此，在 Photoshop 中常利用 Lab 模式作为 RGB 模式转换为 CMYK 模式的中间过渡模式。

除上述 4 种基本颜色模式外，CorelDRAW 还支持位图模式、双色调模式、索引颜色模式和多通道模式等。

2. 网页美术基础知识

1）网页美术

网页美术是在计算机技术的支持下，通过美术设计人员运用美学原理及美术手段完成的视觉美术；网页美术是定义在美学基础上，仍属于艺术范畴的综合设计艺术；网页美术是集多种艺术为一身，以美术设计为先导的新媒体艺术。

网页设计和平面设计相似，都需要一定的审美能力，所以平面设计上的审美观点在网页设计上非常实用。评价一个网站或者网页设计是否美，一般从平衡、协调、形式、技术等方面来进行衡量。

2）网页美工

网页美工在设计网页时，除了需要精通美学，具有一定的审美能力，掌握 CorelDRAW、Photoshop、Dreamweaver 等网站制作软件之外，还需具有良好的创意。在设计时除了要与经验结合进行设计外，还需要从用户的角度出发进行设计。

案例 1　版式设计——图形排版

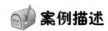 **案例描述**

在 CorelDRAW 中将素材分别导入和打开，进行简单版面的重组和设计，学会使用缩放工具管理视图，要求整个版面美观、整齐，最终效果如图 1-9 所示。

图 1-9 效果图

 **案例解析**

在本案例中，需要完成以下操作：

- 启动 CorelDRAW 程序并在该程序中新建文件。
- 熟悉 CorelDRAW 的工作界面。
- 学习使用"打开"和"导入"命令进行打开图像和导入外部素材。
- 学习使用标尺、参考线对图像进行精确定位。
- 学习使用"缩放工具"对图像进行简单调整。

（1）双击 CorelDRAW 的快捷图标，或执行"开始"→"程序"→CorelDRAW Graphics Suite X6"命令，启动 CorelDRAW 程序，然后选择菜单"文件"→"新建"命令，新建图像文件，如图 1-10 所示。

（2）选择菜单"文件"→"打开"命令，在弹出的"打开绘图"对话框中选中素材库中的素材"案例 1"，单击"打开"命令，在 CorelDRAW 中打开"案例 1"文档，如图 1-11 所示。

图 1-10 新建文档

图 1-11 打开素材文件案例 1

（3）执行菜单"文件"→"导入"命令，在弹出的的对话框中选择"名片正面"和"名片反面"（按住 Ctrl 键的同时选中两个素材），单击"导入"命令，此时鼠标变成黑色实心矩形箭头，鼠标后方显示要导入图像的名称、长宽参数、导入图像的位置以及导入图像的方法，在画布右侧中依次单击鼠标左键，将所选素材导入到画布中，如图 1-12 所示。

图 1-12   导入素材

（4）执行菜单"视图"→"标尺"命令，在当前图像窗口中显示标尺。执行菜单"视图"→"辅助线"命令，在当前图像窗口中显示辅助线。在标尺上向图像方向拖动鼠标，拖动出两条水平参考线和三条垂直参考线，如图 1-13 所示。

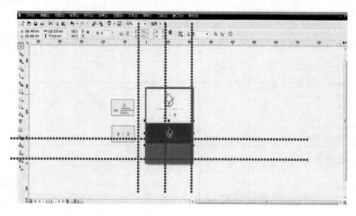

图 1-13   显示标尺和参考线的图像窗口

（5）单击图像"名片正面"，鼠标变成黑色十字箭头，移动图像到画布左下方。按住图像右下角的黑色方块拖动，将图像放大并调整其位置，使其填充满参考线交汇范围内，使用相同的方法将"名片背面"拖动到画布右下方，如图 1-14 所示。

图 1-14 排版设计

（6）执行"文件"→"保存"命令，将图像文件保存。

1.3 CorelDRAW X6 基本操作

1. 工作界面

执行"开始"→"程序"→CorelDRAW X6"命令，启动 CorelDRAW 软件，将显示欢迎屏幕页面如图 1-15 所示。

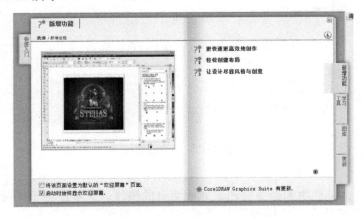

图 1-15 欢迎屏幕

欢迎屏幕页面是 CorelDRAW X6 功能的集合，在该界面中可以通过单击右侧的标签，切换不同的界面效果，如新增功能、学习工具、画廊和更新设置等。利用欢迎屏幕中的强大功能，有利于 CorelDRAW 的快捷创作，特别对于初级用户而言更是如此，因此，最好选中欢迎屏幕最下面"启动时始终显示这个欢迎屏幕"复选框。关闭欢迎屏幕后，呈现 CorelDRAW X6 的工作界面，此时的界面只有文件、视图、工具、窗口、帮助 5 个菜单，如图 1-16 所示。

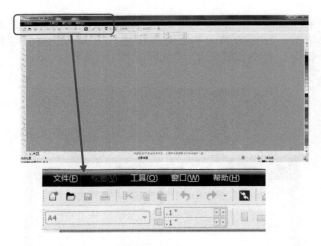

图 1-16　工作界面

新建文件后，CorelDRAW X6 的操作界面与大多数 WINDOWS 操作系统一样，由标题栏、菜单栏、标准工具栏、工具箱、属性栏、泊坞窗、调色板等一些通用元素组成，如图 1-17 所示。

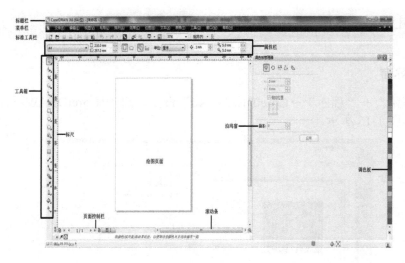

图 1-17　操作界面

（1）菜单栏

可以通过执行菜单栏中的命令按钮来完成所有的操作。菜单栏位于 CorelDRAW 工作界面的上端，包括"文件"、"编辑"、"视图"、"布局"、"排列"、"效果"、"位图"、"文本"、"表格"、"工具"、"窗口"和"帮助"共 12 个菜单命令，如图 1-18 所示。

图 1-18　菜单栏

（2）标准工具栏

CorelDRAW 标准工具栏位于菜单栏的下方，其中包含一些最常用的工具，单击工具按钮将执行相应的菜单命令，如图 1-19 所示。

图 1-19　标准工具栏

（3）属性栏

属性栏位于常用工具栏的下方，是一种交互式的功能面板。当使用不同的绘图工具时，属性栏会自动切换为此工具的控制选项。未选取任何对象时，属性栏上会显示与页面和工作环境设置有关的一些选项，如图 1-20 所示。

默认文档属性栏：

矩形工具属性栏：

图 1-20　属性栏

（4）工具箱

工具箱在初始状态下一般位于窗口的左端，当然也可以根据自己的习惯拖放到其他位置，利用工具箱提供的工具，可以方便的进行选择、移动、取样、填充等操作，如图 1-21 所示。

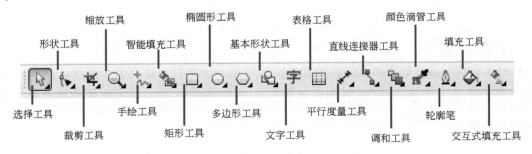

图 1-21　工具箱

某些工具按钮右下角带有"◢"符号，表示该工具栏还包含子工具，单击小三角符号或者单击显示的工具不放，即可展开工具条，例如，单击形状工具右下角的"◢"符号，则展开其工具。

工具箱中的各个工具以图标的形式显示，但不显示工具的名称，可通过以下方法显示工具的提示信息：执行菜单"工具"→"选项"命令，或按[Ctrl+J]快捷键，打开"选项"对话框，在"工作区"中的"显示"选项中，勾选"显示工具提示"复选框，单击"确定"按钮，如图 1-22 所示。

图 1-22　设置显示工具提示

在"工具箱"选项的下一级选项中选中任一种工具，在右侧会有相应的参数设置选项，可根据需要对所选工具的属性进行修改和设置，如图 1-23 所示。

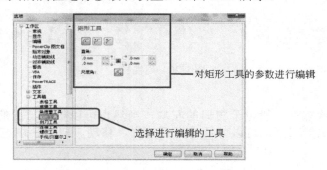

图 1-23　编辑矩形工具

（5）页面标签

CorelDRAW 具有处理多页文件的功能，可以在一个文件内建立多个页面，翻页时可以借助页面标签来切换工作页面。页面标签位于工作界面的左下角，用于显示文件所包含的页面数及当前的页面位置。在页面标签上单击鼠标右键，弹出快捷菜单，选择对应的命令，可完成对页的插入、删除、重命名等操作，如图 1-24 所示。

图 1-24　页面标签

（6）状态栏

状态栏在默认状态下位于窗口的底部，主要显示光标的位置及所选对象的大小、填充色、轮廓线颜色和宽度。在状态栏上单击鼠标右键，可以弹出状态栏属性菜单，在其菜单"自定义"子菜单中可以对状态栏进行设置，如图 1-25 所示。

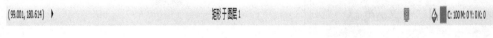

图 1-25　状态栏

（7）标尺

标尺可以帮助用户准确地绘制、对齐和缩放对象，标尺由水平标尺和垂直标尺组成。在标尺上按住鼠标左键不放，向绘图页面拖动，可绘制一条辅助线，该辅助线只是帮助精确定位图形的位置或控制图形的大小尺寸，不会被打印出来。单击"视图"→"标尺"命令，可对标尺进行隐藏和显示。在标尺的任意位置双击会弹出"选项"对话框，可以设置标尺的属性，如图 1-26 所示。

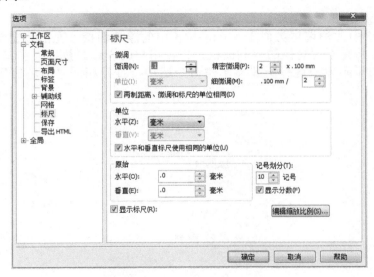

图 1-26　设置标尺属性

（8）工作区

工作区包括了用户放置的任何图形和屏幕上的所有元素。

（9）绘图页面

在工作区中显示的矩形范围称为绘图页面，可以根据需要来调整绘图区域的大小。

（10）调色板

调色板在默认状态下位于工作界面的右侧，默认的色彩模式为 CMYK。调色板中有很多颜色色块，可以单击调色板下方的按钮▣，将调色板展开以显示全部内容，如图 1-27 所示。执行菜单"工具"→"调色板编辑器"命令，弹出"调色板编辑器"对话框，如图 1-28 所示，可编辑调色板或创建自定义调色板。

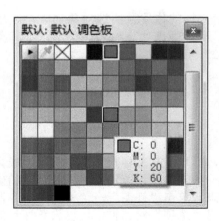

图 1-27　调色板

图 1-28　"调色板编辑器"对话框

（11）泊坞窗

CorelDRAW 中的泊坞窗类似于 PhotoShop 中的浮动面板，在泊坞窗命令选项中可以设置显示或隐藏具有不同功能的控制面板，方便用户的操作。执行"窗口"→"泊坞窗"命令，在弹出的子菜单中选择所要显示的命令选项，打开相应"泊坞窗"对话框，如图1-29 所示。

图 1-29　泊坞窗面板

2．基本操作

CorelDRAW 的基本操作，包括图像文件的新建、打开、保存以及导入、导出等，是以后深入学习 CorelDRAW 的基础。

1）新建文件

执行菜单栏中的"文件"→"新建"命令，或按[Ctrl+N]快捷键，新建一个文档。执行菜单"布局"→"页面设置"命令，弹出"选项"对话框，如图 1-30 所示，可以对建立文件的大小、版面、背景进行设置。

图 1-30 "选项"面板

2）打开文件

执行菜单"文件"→"打开"命令，或按[Ctrl+O]快捷键，弹出"打开绘图"对话框，如图 1-31 所示，选择需要打开的文件。可以按住 Shift 键选择多个连续的图形文件，也可以按住 Ctrl 键，选择多个不连续的图形文件。

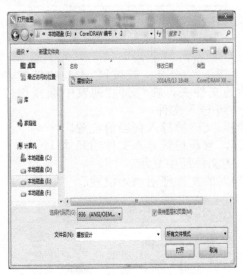

图 1-31 "打开绘图"对话框

3）保存文件

当完成一件作品或者处理完一幅图像时，需要将完成的图形对象进行保存。执行菜单"文件"→"保存"命令，或按[Ctrl+S]快捷键，打开"保存绘图"对话框，如图 1-32 所示。在保存文件时，系统默认的保存格式为.CDR 格式，这是 CorelDRAW 的专用格式。如果想保存为其他格式，可以"保存类型"下拉菜单命令中选择保存类型。保存版本时要注意高版本的软件可以打开低版本的文件，但低版本的软件无法打开高版本的文件。

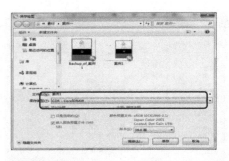

图 1-32 "保存绘图"对话框

4）导入文件

执行菜单"文件"→"导入"命令，或按［Ctrl+I］快捷键，弹出"导入"对话框如图 1-33 所示。选择存储文件的文件夹，在"文件"列表中选择相应文件，单击"导入"。在绘图页上执行下列操作之一可导入文件。

➤ 在某个位置单击左键，文件被导入到当前位置。

➤ 单击左键并拖动鼠标，重新设置导入文件的尺寸。

➤ 按 Enter 键，使导入的文件居中显示。

➤ 按"空格"键，使导入的文件使用原始位置。

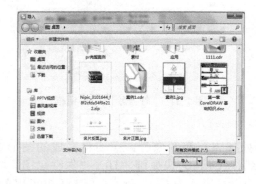

图 1-33 "导入"对话框

5）导出文件

在 CorelDRAW 中，执行菜单"文件"→"导出"命令，或按［Ctrl+E］快捷键将打开"导出"对话框，如图 1-34 所示。

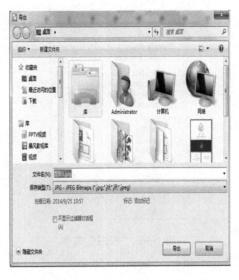

图 1-34　"导出"对话框

输入文件名后，选择"文件类型"及"排序类型"，单击"导出"。图 1-35 所示为选择导出"文件类型"为"JPG-JPEG 位图"时，弹出的"导出到位图"对话框，在其中设置相应参数，单击"确定"，即可在指定的文件夹内生成导出文件，原始文件在绘图窗口中保持并以现有格式打开。

图 1-35　"导出到 JPEG"对话框

6）视图设置

在 CorelDRAW 中，执行"视图"菜单中的"全屏预览"或"只预览选定的对象"命令分别预览所有图形或选定对象。视图菜单如图 1-36 所示。

图 1-36 "视图"菜单

（1）视图的显示模式

在"视图"菜单中提供了"简单线框"、"线框"、"草稿"、"正常"、"增强"以及"像素"6种视图显示模式，可以根据需要在绘图过程中加以选择。

➤ 简单线框：通过隐藏填充、立体模型、轮廓图、阴影以及中间调和形状来显示绘图的轮廓；也可单色显示位图。使用此模式可以快速预览绘图的基本元素。

➤ 线框：在简单线框模式下显示绘图及中间调和形状的显示模式。

➤ 草稿：显示绘图填充和低分辨率下的位图。使用此模式可以消除某些细节，能够关注绘图中的颜色均衡问题。

➤ 普通：显示绘图时不显示 PostScript 填充或高分辨率位图。使用此模式时，刷新及打开速度比"增强"模式稍快。

➤ 增强：显示绘图时显示 PostScript 填充、高分辨率位图及光滑处理的矢量图。

➤ 像素：模拟重叠对象设置为叠印的区域颜色，并显示 PostScript 填充、高分辨率位图和光滑处理的矢量图形。

图 1-37 所示为选择"线框"、"草稿"及"增强和叠印增强"模式时的显示效果。

图 1-37 "线框"、"草稿"及"增强"模式的显示效果

（2）布局设置

在"布局"菜单中提供了"插入页"、"再制页面"、"重命名页面"、"插入页码"、"切换页面方向"及"页面设置"等选项，"布局"菜单如图 1-38 所示。

图 1-38 "布局"菜单

执行菜单"布局"→"页面设置"命令，打开"选项"对话框，可以根据需要对页面"大小"、"版面"、"标签"及"背景"的相关参数进行调整，如图 1-39 所示。相关设置可以作为创建所有新绘图的默认值。

图 1-39 "选项"对话框中的"版面"选项

7）辅助工具的使用

在 CorelDRAW 中，选择"视图"菜单里的"标尺"、"网格"、"辅助线"等辅助选项，或执行菜单"视图"→"设置"命令，在弹出的"选项"对话框中对以上选项进行设置，有助于精确地绘制、对齐和定位对象，方便快捷的进行创作。相应的"视图"菜单及"选项"对话框如图 1-40 所示。

图1-40 "视图"菜单及"选项"对话框中的"标尺"选项

➢ 标尺：在绘图窗口中显示标尺，有助于精确地绘制、缩放和对齐对象。可以隐藏标尺或将其移动到绘图窗口中的其它位置，还可以根据需要自定义标尺的设置。

➢ 网格：是一系列交叉的虚线或点，用于在绘图窗口中精确地对齐和定位对象。通过指定频率或间距，可以设置网格线或网格点之间的距离，还可以使对象与网格贴齐。

➢ 辅助线：可以放置在绘图窗口中任何位置，用来帮助放置对象。辅助线分为三种类型：水平、垂直和倾斜。可以在需要添加辅助线的任何位置添加辅助线，也可以选择添加预设辅助线，还可以使对象与辅助线贴齐。

图1-41所示为使用"标尺"及"辅助线"进行绘图的效果。

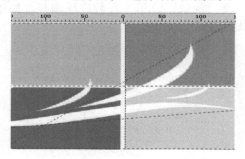

图1-41 使用"标尺"及"辅助线"

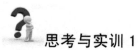 **思考与实训 1**

一、填空题

1．CorelDRAW 是加拿大 Corel 公司的产品，是一种直观的图形设计应用程序，具有强大的制作和处理功能。

2．矢量图也称_____，它是以数学的方式来定义直线或者曲线的。

3．位图图像，也称为点阵图像或_____，由称作像素（图片元素）的单个点组成。

4．CorelDRAW 的工作界面主要由_____、_____、_____、_____、_____、_____、属性栏等一些通用元素组成。

5．CorelDRAW 不仅是一个大型矢量图形制作工具软件，同时也是一个大型的工具软件包，它包括_____、_____、_____等程序。

6．灰度是一种黑白模式的色彩模式，但与黑白二色的位图不同，从_____有 256 种不同等级的明度变化。

7. 在保存文件时，系统默认的保存格式为＿＿＿＿＿＿，这是 CorelDRAW 的专用格式，如果想保存为其他格式，可以通过"文件"菜单中的 ＿＿＿＿＿＿命令来完成。

8. ＿＿＿＿＿＿模式显示绘图填充和低分辨率下的位图。 使用此模式可以消除某些细节，使您能够关注绘图中的颜色均衡问题。

二、上机实训

1. 上机练习 CorelDRAW 的基本操作，包括文件的新建、打开、保存等。

2. 新建一个文件，导入一幅素材库中的4个位图图像，进行导入、导出、视图设置及辅助工具的练习（效果如图 1-42 所示），可以发挥自己的想象力，设计出更多种类的版面。

效果图：

图 1-42　参考效果

模块二

常用的绘图与填充工具

案例2 卡通图片（1）

 案例描述

使用"手绘工具"和"形状工具"等绘制如图 2-1 所示的"卡通图片（1）"。

图 2-1 "卡通图片（1）"效果

 案例解析

在本案例中，需要完成以下操作：

➤ 使用"手绘工具组"中的"贝塞尔工具" ⧉、"多边形工具"、"钢笔工具" ⧉、"轮廓笔工具" ⧉ 绘制制作"爸"字的大体轮廓，使用"形状工具" ⧉ 调整节点，使之美观；

➤ 使用"椭圆形工具" ⧉ 绘制圆形装饰物，使用"轮廓笔工具" ⧉ 及"将轮廓转换为对象"命令设置边缘线。

（1）双击 CorelDRAW 的快捷图标，或执行"开始"→"程序"→"CorelDRAW Graphics Suite X6"命令，启动 CorelDRAW 程序，然后执行菜单"文件"→"新建"命令，新建图像文件，按【Ctrl+S】组合键保存文件，命名为"卡通图片（1）"。

（2）执行菜单"文件"→"导入"命令，在弹出的"导入"对话框中选中素材库中的素材"底纹"，执行"导入"命令，导入外部素材"底纹.jpg"效果如图 2-2 所示。

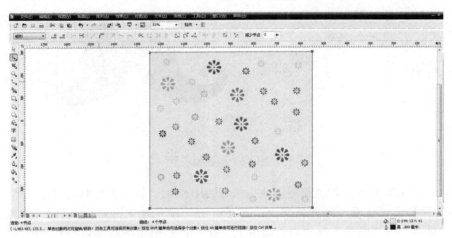

图 2-2　导入底纹的效果

（3）单击工具箱中手绘工具组 的黑色三角形，在打开的工具栏中单击"贝塞尔工具"按钮，绘制"爸"字一撇一捺的基本形状，然后使用"形状工具"按钮调整相应节点，完成如图 2-3 所示的效果。

图 2-3　绘制"爸"字的一撇一捺

（4）使用选择工具选中路径，设置轮廓笔为 1.0mm ，然后使用填充工具组 的"渐变填充"工具，设置渐变填充颜色从 C:95 M:45 Y:98 K:13（绿色）到 C:16 M:2 Y:85 K:0（黄色），如图 2-4 所示。

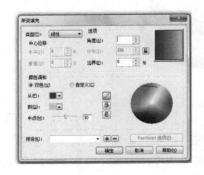

图 2-4　设置渐变填充颜色

（5）采用与步骤（4）相同的方法绘制帽子，帽身的填充颜色为 C:48 M:94 Y:97 K:7，帽檐的填充颜色为 C:56 M:97 Y:96 K:16。将填充好颜色的帽子放到"爸"字一捺的上方，效果如图 2-5 所示。

图 2-5　绘制帽子

（6）单击手绘工具组中的"钢笔工具"按钮，绘制"爸"字的中间部分，然后使用"形状工具"调整节点位置。设置轮廓大小为 1.0mm，填充颜色为 C:98 M:80 Y:0 K:0（蓝色）。执行菜单"排列"→"顺序"→"到页面后面"命令，单击鼠标右键，执行"顺序"中的"到页面后面"命令，绘制"爸"字中间的部分，效果如图 2-6 所示。

图 2-6　绘制"爸"字的中间部分

（7）采用与步骤（4）相同的方法，绘制"爸"字的下半部分，设置轮廓大小为 1.0mm，填充颜色为 C:0 M:99 Y:95 K:0（橙色）。使用"形状工具"调整节点，绘制"爸"字的下半部分，效果如图 2-7 所示。

图 2-7　绘制"爸"字的下半部分

（8）绘制领带，单击工具箱中的"基本形状工具"按钮，选择，绘制一个梯形，旋转 180.0 度，领带的下半部分用手绘工具绘制，填充颜色为 C:100 M:100 Y:0 K:0（蓝色）。

阶段效果如图 2-8 所示。

图 2-8　绘制领带

（9）选中所有图形，并用"轮廓笔工具"去除所有边缘线，"轮廓笔"对话框设置的参数如图 2-9 所示。

图 2-9　阶段效果图及"轮廓笔"对话框

（10）保存并导出"卡通图片（1）"，最终效果如图 2-10 所示。

图 2-10　"卡通图片（1）"最终效果

2.1 手绘工具组

在 CorelDRAW 中，绘制线条的工具主要在"手绘工具组"中，包括"手绘"、"2 点线"、"贝塞尔"、"艺术笔"、"钢笔"、"B 样条"、"3 点曲线"和"折线"8 个工具。通过这些基本工具可以绘制出各式各样的曲线图形。以下内容为使用"手绘工具"、"贝塞尔工具"、"艺术笔工具"和"钢笔工具"4 种工具绘制各种曲线图形的效果。

1. 手绘工具

单击"手绘工具"按钮，将鼠标移到页面中，在需要绘制的地方，单击鼠标左键确定线段的第一个点，移动鼠标到第二个点的位置，单击鼠标左键绘制出一条线段；也可以按住左键拖动鼠标绘制出一条曲线，还可以通过属性栏设置线条的形状和箭头，绘制效果如图 2-11 所示。

图 2-11 "手绘工具"的绘制效果

"属性栏"的相关选项，如图 2-12 所示。

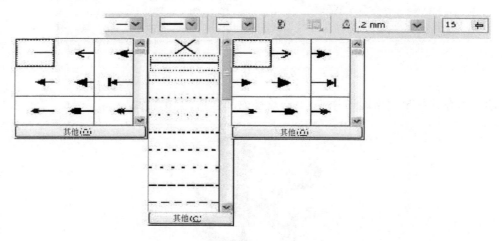

图 2-12 "属性栏"的相关选项

2. 贝塞尔工具

"贝塞尔工具"主要用来绘制平滑、精确的曲线。通过改变节点和控制点的位置来控制曲线的弯曲度，达到调节直线和曲线形状的目的，绘制效果如图 2-13 所示。

图 2-13 "贝塞尔工具"的绘制效果

3. 艺术笔工具

利用"艺术笔工具"可以创造出多种图案和笔触效果，"艺术笔工具"在属性栏中为用户提供了"预设" 、"笔刷" 、"喷罐" 、"书法" 、"压力" 5 种样式，通过属性栏的设置，可以绘制出各种图形，对绘制的封闭曲线还可以进行色彩调整，效果如图 2-14 所示。

图 2-14 "艺术笔工具"的绘制效果

4. 钢笔工具

利用"钢笔工具"可以勾勒出许多复杂图形，也可以一次性地绘制出多条曲线、直线或者复合线。绘制的过程中可以通过添加或删除节点的方法来编辑直线或曲线，绘制效果如图 2-15 所示。

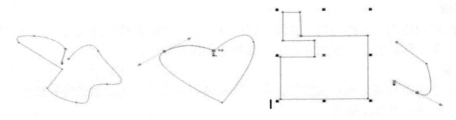

图 2-15 "钢笔工具"的绘制效果

2.2 形状工具组

1. 形状工具

在 CorelDRAW 中，曲线是由节点和线段组成的，节点是造型的关键。利用"形状工具" 可以调整图形对象的节点以实现造型，也可以随意添加节点或删除节点。在页面中选择要编辑的曲线，单击工具箱中的"形状工具"按钮，出现"形状工具"属性栏，如图 2-16 所示，可对曲线上的节点进行各种调整。或者在节点上单击鼠标右键，在弹出的快捷菜单中选择相应的选项实现各种调整。

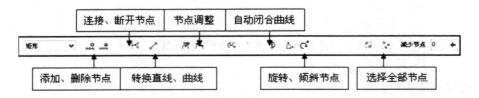

图 2-16 "形状工具"属性栏

（1）节点的三种形式

CorelDRAW 为用户提供了三种节点编辑形式：对称、平滑和尖突。这三种节点可以相互转换，实现曲线的变化，如图 2-17 所示。

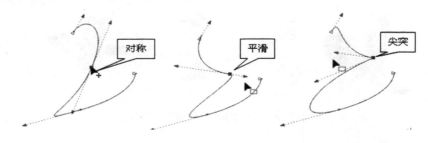

图 2-17 节点的类型

➢ **对称**

节点两端的指向线以节点为中心而对称，改变其中一个指向线的方向或长度时，另一个也会产生同步、同向的变化。默认的节点都是对称节点。

➢ **平滑**

节点两端的指向线始终为同一直线，即改变其中一个指向线的方向时，另一个也会相应变化，但两个手柄的长度可以独立调节，相互之间没有影响。

➢ **尖突**

节点两端的指向线是相互独立的，可以单独调节节点两边线段的长度和弧度。

（2）编辑节点的基本操作

➢ **节点的添加**

选择需要编辑的曲线，单击"形状工具"按钮，将光标放在需要添加节点的位置上，单击鼠标右键，选择"添加"命令，可添加节点。或者直接使用形状工具在需要添加节点的位置上双击，添加节点。

➢ **节点的删除**

选择需要编辑的曲线，单击"形状工具"按钮，将光标放在需要删除的节点上，单击鼠标右键，在如图 2-18 所示的快捷菜单中选择"删除"命令，可删除节点。或者直接使用形状工具在需要删除的节点上双击，删除节点。

➢ **节点的结合**

单击"形状工具"按钮，选择开放曲线上两个不相连的节点，单击属性栏中的 按钮，或在任一节点上单击鼠标右键，在快捷菜单中选择"自动闭合"命令，两个节点连接在一起，效果如图 2-19 所示。

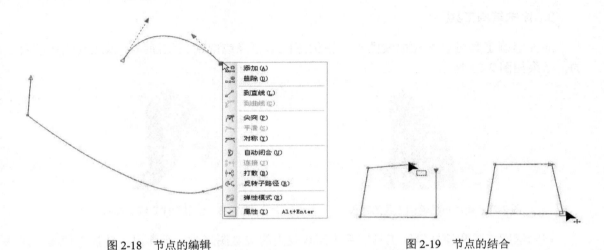

图 2-18 节点的编辑　　　　　　　　　　图 2-19 节点的结合

➢ **分割节点**

选择封闭曲线对象的某个节点，单击属性栏中的 按钮，或单击鼠标右键，在快捷菜单中选择"打散"命令，这个对象即不再闭合。分割后的曲线可以"自动闭合"的方法再连接起来，如图 2-20 所示。

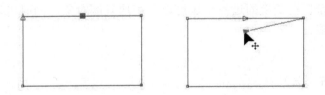

图 2-20 节点的分割

（3）直线与曲线的转换

在对象的外轮廓中，有时需要对线段进行曲线与直线的转换。单击"形状工具"按钮，选中要转换的节点，单击鼠标右键，在弹出的快捷菜单中选择"到曲线"命令，直线被转换成曲线，反之亦然，转换效果如图 2-21 所示。

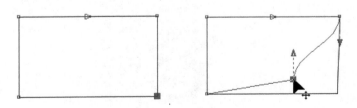

图 2-21 直线与曲线的转换效果

2. 粗糙笔刷工具

粗糙笔刷工具是一种多变的扭曲变形工具，它可以改变矢量图形对象中曲线的平滑度，从而产生粗糙的变形效果，如图 2-22 所示。

3. 涂抹笔刷工具

涂抹笔刷工具可以涂抹曲线图形，在矢量图形边缘或内部任意涂抹，以达到变形的目的，效果如图 2-23 所示。

图 2-22　使用粗糙笔刷工具的效果　　　　图 2-23　使用涂抹笔刷工具的效果

粗糙笔刷工具和涂抹笔刷工具应用于形状规则的矢量图形时，会弹出"转换为曲线"提示框，提示用户"粗糙笔刷工具和涂抹笔刷工具只能适用于曲线对象，是否 CorelDRAW 自动创建可编辑形状以使用此工具"，单击"确定"按钮即可。

4. 自由变换

使用自由变换工具可以自由地放置、镜像、调节和扭曲对象，不仅可以对图形和文字对象进行编辑操作，而且在变换的过程中还可以自由地复制对象，同时可以结合"泊坞窗"中的变换属性进行调整。

案例 3　卡通图片（2）

 案例描述

使用"基本形状工具"、"文本"和"颜色滴管"等工具绘制装饰物，装饰如图 2-24 所示的"卡通图片（2）"。

图 2-24　"卡通图片（2）"

案例解析

在本案例中，需要完成以下操作：

➤ 使用"椭圆形工具" ，绘制圆形装饰物；

➤ 使用"基本形状工具" ，绘制心形装饰图案；

➤ 使用"文本工具" 字 编辑文本。

（1）双击 CorelDRAW 的快捷图标，或执行"开始"→"程序"→"CorelDRAW Graphics Suite X6"命令，启动 CorelDRAW 程序，然后执行菜单"文件"→"打开"命令，打开名为"卡通图片（1）.cdr"的文件，效果如图 2-25 所示。

图 2-25 "卡通图片（1）"效果

（2）单击工具箱中的"椭圆形工具"按钮 ，绘制圆形，设置轮廓直径为 6.56mm，轮廓色为无色 ，填充颜色任意添加 4~5 种，复制粘贴多个圆形，沿"爸"字中间部分整齐排列，效果如图 2-26 所示。

（3）根据领带的基本形状使用钢笔工具填充横条纹，给领带填充装饰物，填充颜色为 C:0 M:0 M:100 K:0（黄色），分步效果图如图 2-27 所示。

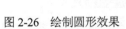

图 2-26 绘制圆形效果   图 2-27 装饰领带效果

（4）绘制黑色眼睛。用钢笔工具绘制眼睛，设置轮廓直径为 1.0mm，填充颜色为 C:0 M:0 Y:0 K:100（黑色），使用"形状工具" 调整节点。执行菜单"排列"→"顺序"→"到页面前面"命令，或者单击鼠标右键，执行"顺序"→"到页面前面"命令，复制另一只眼睛的图形，然后把两只眼睛放到"巴"字上，使其更形象，效果如图 2-28 所示。

（5）绘制心形。单击工具栏中"基本形状工具"按钮，在工具栏中"完美图形"中选择心形，绘制一个心形，将轮廓改成"无"，旋转52°。使用"编辑"菜单中的"复制"、"粘贴"命令，复制两个同样的图形并调整方向大小。使用"颜色滴管"工具，吸一下"巴"上的颜色，然后使用"滴管"工具中的"颜料桶"工具对复制的心形填充颜色，颜色也可以根据自己喜好添加，效果如图2-29所示。

图2-28　绘制眼睛　　　　　　　　　　　　　　　　图2-29　绘制心形装饰

（6）将以上所绘制的图形全部选中，然后单击鼠标右键，在弹出的菜单中选择群组，或者直接使用【Ctrl+G】组合键。

（7）选择工具栏中的文本工具，在字体列表中设置字体为田氏颜体大字库（也可换成别的字体），字号为36，颜色为C:0 M:99 Y:95 K:0，输入文字"I Love You"。选择"文本"菜单中的"使文本适合路径"，以为路径排列文字"I Love You"，如图2-30所示。

图2-30　文字效果

（8）使用文字工具，分别打出"Happy"、"Fathers"、"Day"英文字母，设置字号为150，字体为"O Arial"，颜色可以根据自己的喜好搭配。单击工具箱中的"轮廓笔工具"按钮，或单击"窗口"菜单中的"对象属性泊坞窗"，打开"轮廓笔"对话框。设置文字轮廓宽度为0.75mm。

单击"轮廓笔"工具，选择"轮廓色"，轮廓颜色改为C:0 M:100 Y:100 K:0（红色），如图2-31所示。

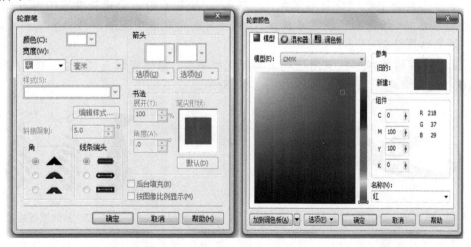

图2-31　"轮廓笔"对话框和"轮廓颜色"对话框

（9）绘制一个心形，将轮廓改成"无"，填充颜色为 C:48 M:94 Y:97 K:7，放到"Fathers"中的"^"的右上方。效果如图 2-32 所示。

（10）把以上所制作的文字图形拖放到"爸"字的上方，将文字选中后群组，然后转换成曲线，按【Ctrl+Q】组合键。

（11）执行"文件"→"另存为"命令，将图像文件另存为"卡通图片（2）.cdr"并导出，最终效果如图 2-33 所示。

图 2-32　装饰文字　　　　　　　　　　　图 2-33　卡通图片（2）最终效果

2.3　矩形工具

使用"矩形工具"□可以绘制矩形、正方形和圆角矩形。单击工具箱中的"矩形工具"□，在页面区域中按下鼠标左键并拖动鼠标，在矩形框达到所需大小时，松开鼠标左键即可得到矩形。若直接双击"矩形工具"，则可创建出一个与页面大小相同的矩形。

1. 矩形属性栏

选中矩形，属性栏上显示相应的设置选项，通过它可以调整矩形的大小、轮廓宽度、旋转角度、文字环绕形式等，"矩形"属性栏如图 2-34 所示。

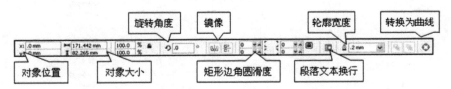

图 2-34　"矩形"属性栏

2. 绘制圆角矩形

选择"形状工具"，单击矩形的一个节点进行拖拉，可以改变矩形的圆角程度。也可以在属性栏上的"边角圆滑度"文本框中输入数值，精确设置矩形的圆角度数。在默认的情况下，对矩形的四个角的圆角变化是等比例同时进行的。如果要对其中一个角单独进行圆角操作，需要先取消圆角的等比缩放，即单击属性栏中的"同时编辑所有角"按钮，取消锁定状态。这样，在其中任意一个角的圆角文本框中输入圆角值，将不会影响其他的角，效果如图 2-35 所示。

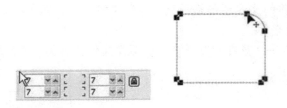

图 2-35　绘制圆角矩形

3．绘制正方形

单击"矩形工具"按钮□，在页面区域中按住 Ctrl 键拖动鼠标，可绘制出正方形；若按住 Shift 键拖动鼠标，绘制以单击点为中心的矩形；按住【Ctrl+Shift】组合键拖动鼠标，则绘制以单击点为中心的正方形，效果如图 2-36 所示。

4．转换为曲线

在矩形对象上单击鼠标右键，弹出如图 2-37 所示的下拉菜单，选择"转换为曲线"选项，将矩形转换为曲线，可随意调整其节点进行编辑。

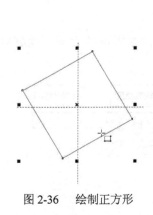

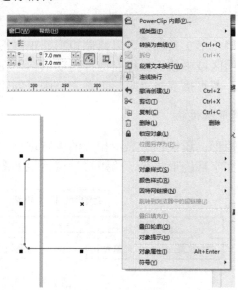

图 2-36　绘制正方形　　　图 2-37　弹出含有"转换为曲线"选项的下拉菜单

2.4　椭圆形工具

单击工具箱中的"椭圆形工具"按钮○，在页面区域中单击鼠标左键并拖动鼠标，在椭圆达到所需大小时，松开鼠标左键即可得到椭圆形。

1. 椭圆形属性栏

选中椭圆，属性栏上显示相应的设置选项，可以通过它来调整椭圆的大小、轮廓宽度、旋转角度、文字环绕形式等，如图 2-38 所示。

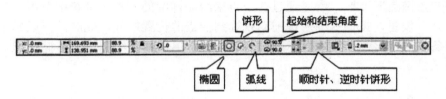

图 2-38 "椭圆形"属性栏

2. 绘制"饼形"和"圆弧"

在工作区中绘制出一个椭圆，选择"形状工具" ，在椭圆上选择节点，在椭圆内部拖动节点到恰当的位置即可绘制饼形。也可以在属性栏中选择"饼形"并设置"起始和结束角度"以绘制饼形。同样也可以进行圆弧的设置，如图 2-39 所示。

图 2-39 绘制"饼形"和"圆弧"

注意利用"形状工具" 拖动节点，在椭圆内部调整即形成饼形，在椭圆外部调整则形成圆弧。

3. 绘制正圆

单击"椭圆形工具"按钮，在页面区域中按住 Ctrl 键拖动鼠标，可以绘制正圆；按住 Shift 键拖动鼠标，可以绘制以单击点为中心的圆形；按住【Ctrl+Shift】组合键拖动鼠标，则可以绘制以单击点为中心的正圆形。

4. 转换为曲线

在椭圆对象上单击鼠标右键，可以弹出下拉菜单，选择"转换为曲线"命令，将椭圆转换为曲线，可以随意调整其节点进行编辑。

2.5 三点矩形工具和三点圆形工具

"三点矩形工具"和"三点圆形工具"是 CorelDRAW 的"矩形"和"椭圆"绘制工具的延伸工具，可以绘制出有斜度的矩形和圆形。

> "三点矩形工具" ▭是通过 3 个点来绘制矩形的，在工具箱中单击"三点矩形工具"按钮，按住鼠标左键拖动鼠标到恰当的位置松开，此时，可以确定矩形的一条边长，再继续拖动鼠标到合适的位置，单击即可绘制出一个矩形，如图 2-40 所示。

> "三点椭圆形工具" ⬭是通过 3 个点来绘制椭圆的，在工具箱中单击"三点椭圆形工具"按钮，按住鼠标左键拖动鼠标到恰当的位置松开，此时，可以确定椭圆形的一条轴长，再继续拖动鼠标到合适的位置，单击即可绘制出一个椭圆形，如图 2-41 所示。

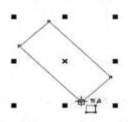

图 2-40 绘制"三点矩形"

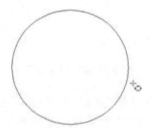

图 2-41 绘制"三点椭圆形"

2.6 多边形工具

1. 多边形工具 ⬡

在 CorelDRAW 中，多边形工具包括"多边形工具"、"星形工具"、"复杂星形工具"、"图纸工具"和"螺纹工具"5 种工具。

单击工具箱中的"多边形工具"按钮 ⬡，选择"多边形工具"，在工具属性栏中设置需要绘制的多边形边数。按住鼠标左键同时拖动鼠标，可以绘制出一个多边形。

在拖动鼠标左键的同时按住 Shift 键，可以绘制以单击点为中心、向四周展开的多边形，按住 Ctrl 键可以绘制正多边形，按住【Ctrl+Shift】组合键可以绘制以单击点为中心的正多边形。绘制效果如图 2-42 所示。

图 2-42 绘制正多边形

选中绘制好的多边形对象，运用"形状工具"拖动多边形的节点可以改变节点的位置，由于多边形是一种完全对称的图形，控制点相互关联，当改变一个控制点时，其余的控制点也会跟着发生变化，变化效果如图 2-43 所示。

2. 星形工具 ☆

"星形工具"与"多边形工具"的使用方法相似，但要注意在"星形工具"属性栏中要设置好星形的"边数"和角的"锐度",如图 2-44 所示。

图 2-43　多边形变化效果　　　　　　　　　　　图 2-44　绘制"星形"

3. 复杂星形 ✿

使用"复杂星形工具"绘制星形与使用"星形工具"相似,但要注意在"复杂星形工具"属性栏中,"星形和复杂星形的锐度" ▲ 是指图形的尖锐度。设置不同的"边数",图形的尖锐度也各不相同,端点数低于"7"的交叉星形,不能设置尖锐度。通常情况下,点数越多,图形的尖锐度越大。设置不同的"边数"和"锐度"后产生的复杂星形效果如图 2-45 所示。

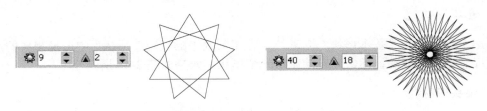

图 2-45　绘制"复杂星形"

4. 图纸工具 🟦

利用"图纸工具"可以绘制不同行数和列数的网格图形。绘制的网格图形由一组矩形或正方形群组而成,可以取消群组,使网格图形成为独立的矩形或正方形。

单击工具箱中的"图纸工具"按钮 🟦,在工具属性栏中设置需要绘制"图纸"的行数与列数。按住鼠标左键不放拖动鼠标,可绘制出网格。选择"排列"中的"取消组合"命令打散网格,可对每个矩形分别填充颜色,效果如图 2-46 所示。

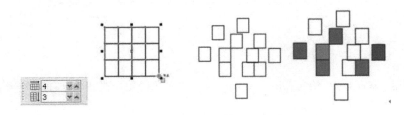

图 2-46　使用"图纸工具"绘制图形

5. 螺纹工具 🌀

单击工具箱中的"螺纹工具"按钮 🌀,在属性栏中设置需要绘制的类型。按住鼠标左键拖动鼠标，可绘制出螺纹。"对称式螺纹"可以绘制间距均匀且对称的螺旋图形。"对数式螺纹"可以绘制出圈与圈之间的距离由内向外逐渐增大的螺旋图形，效果如图 2-47 所示。

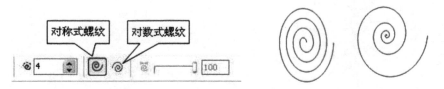

图 2-47　使用"螺纹工具"绘制图形

2.7　基本形状工具

在 CorelDRAW 中，基本形状工具包括"基本形状"、"箭头形状"、"流程图形状"、"标题形状"和"标注形状"5 种工具。以下内容为使用"基本形状"工具和"箭头形状"工具完成图形的绘制。

1. 基本形状

单击工具箱中的"基本形状"按钮，在工具栏中的"完美形状"中选择想要的形状，按住鼠标左键同时拖动鼠标，可以绘制出一个形状。效果如图 2-48 所示。

2. 箭头形状

单击工具箱中的"箭头形状"按钮，在工具栏中的"完美形状"中选择想要的形状，按住鼠标左键同时拖动鼠标，可以完成"箭头形状"的绘制。效果如图 2-49 所示。

图 2-48　使用"基本形状"绘制图形

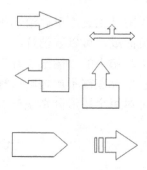

图 2-49　使用"箭头形状"绘制图形

2.8　文本工具

在进行平面设计创作中，图形、色彩、文字是最基本的三大要素。文字的作用是任何元素都不能替代的，它能直观地表达思想，反映诉求信息，让人一目了然。

1．文本工具的基本属性

文字的基本属性包括文本的字体、颜色、间距及字符效果等。在工具栏中选择"文本工具"时，在属性栏中会显示与文本相关的选项，如图 2-50 所示。

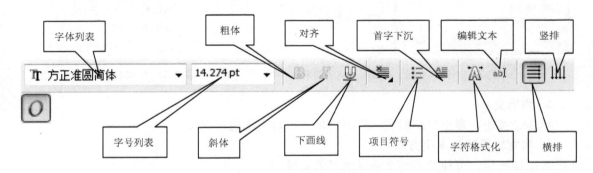

图 2-50　文本工具的属性栏

> **字体列表**

选择文本工具或选择文本对象后，在属性栏的"字体列表"下拉列表中选择字体。

> **从上部顶部到下部底部的高度**

选择了文本工具或选择文本对象后，在属性栏的"从上部顶部到下部底部的高度"下拉列表中选择字体大小，也可以直接输入数值设置大小。

> **粗体**

单击该按钮，可将文字加粗，再次单击该按钮，使加粗的文字还原。

> **斜体**

单击该按钮，可将文字倾斜，再次单击该按钮，使倾斜的文字还原。

> **下画线**

单击该按钮，可为文字添加下画线效果，再次单击该按钮，则取消下画线效果。

> **对齐**

单击该按钮，弹出水平对齐下拉列表，可以根据需要选择文字的对齐方式。

> **项目符号**

单击该按钮，弹出"项目符号"对话框，对话框里可以设置符号样式、大小、间距等，再次单击该按钮，取消项目符号的使用。

> **首字下沉**

为突出段落的句首，可以在段落文本中使用首字下沉。单击该按钮，弹出"首字下沉"对话框，在对话框中可设置首字下沉的字数和间距等参数，再次单击该按钮，取消首字下沉的使用。"首字下沉"对话框及文字效果图，如图 2-51 所示。

> **字符格式化**

单击该按钮，弹出"字符格式化"泊坞窗，如图 2-52 所示。在泊坞窗中可以对字符进行格式化设置。

图 2-51 "首字下沉"对话框及文字效果　　　　图 2-52 "字符格式化"泊坞窗

> **编辑文本**

单击该按钮，弹出"编辑文本"对话框，可对文本进行编辑。

> **将文本更改为水平方向**

单击该按钮，可使选中的文本呈水平方向排列。

> **将文本更改为垂直方向**

单击该按钮，可使选中的文本呈垂直方向排列。

2. 美术字文本

CorelDRAW 默认的输入文本是美术字文本。选择工具箱中的"文本工具" 字，在绘画窗口中的任意位置单击鼠标左键，出现输入文字的光标后，选择合适的输入法，便可输入美术字。输入完成后，重新选择工具箱中的"选择工具" ，可以在属性栏中的字体列表挑选字体。

（1）美术字的变换

美术字文本在 CorelDRAW 中等同于图形对象，可以自由变换。执行菜单"排列"→"变换"命令，展开变换泊坞窗，在变换的泊坞窗中可以对美术字的位置、角度、大小等作调整。在实际操作中可以用鼠标操作。下面介绍用鼠标变换美术字的方法。

> **位置**

利用"挑选工具" ，选中美术字，把光标放在文本对象上，按住鼠标左键，直接拖动对象移动位置。

> **缩放**

选中文本对象，把光标放在控制点的任何一角，按住鼠标左键拖动进行缩放。如图 2-53 所示，选择文本对象，按住鼠标左键拖动右上角控制点，可以任意缩放文本对象。

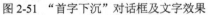

图 2-53 文本缩放效果

> **拉长和挤压**

选中文本对象，把光标放在控制点的中间一点，按住鼠标左键拖动，可以将美术字拉长或压扁。如图 2-54 所示，鼠标选中左边中间的控制点，按住鼠标左键向中心拖动，使文本对象变长。

> **旋转**

选中文本对象双击鼠标左键，对象四周的控制点变成双箭头形状，移动光标至控制点的任何一角，当光标变成环状箭头时，按住鼠标左键沿顺时针或逆时针方向拖动，即可让美术字实现旋转，如图 2-55 所示。

图 2-54　拉长文本效果

图 2-55　旋转文本效果

> **倾斜**

选中文本对象双击鼠标左键，对象四周的控制点变成双箭头形状，移动光标至四边中间的控制点，当光标变成双向单箭头形状时，按住鼠标左键左右或上下拖动，即可让美术字实现左右或上下倾斜，如图 2-56 所示。

图 2-56　倾斜文本效果

（2）添加轮廓线

选中文本对象，打开"轮廓工具组" ，直接选择预设的各种宽度的轮廓线；还可以打开"轮廓笔"对话框，自定义轮廓线的颜色、宽度以及样式等。为了凸显文字，需要勾选"后台填充"和"按图像比例显示"复选框。

（3）字符间距

选中文本对象，使用"形状工具" ，光标变成 形状，移动光标至右边的控制点，按住鼠标左键左右拖动，美术字的间距产生变化，如图 2-57 所示。当调整垂直排列的文本字符间距时，可以拖动左边的控制点拉大或缩小字符间距。

图 2-57　调整字符间距效果

（4）修饰美术字

在实际的设计工作中，仅仅依靠系统提供的字体进行设计是远远不够的，还需要设计师发挥更多的创意。把美术字转换为曲线，即把文本转换为图形，可将文本作为矢量图形进行各种造型上的改变，充分发挥设计师的想象力和创造力。

> **拆分美术字**

为了更加灵活地修饰文本，可以把文本拆分成单个字符。选择文本对象，执行菜单"排列"→"拆分美术字"命令，或按【Ctrl+K】组合键，美术字文本被拆分成单个字符，可以对单个文字进行创意性编辑。

> **美术字转为曲线**

选择文本对象，执行菜单"排列"→"转换为曲线"命令，或按【Ctrl+Q】组合键，美术字文本就转换为矢量图形了。如图 2-58 所示，把文本对象转为曲线后，使用形状工具修改笔画的节点，并为某一笔画填充不同的颜色，增加了文字的形式感。

图 2-58 "美术字转为曲线"后改变字形效果

> **拆分曲线**

文本转换为矢量图形后仍是一个整体图形，如果要对单个笔画进行修饰，还要进一步拆分曲线。如图 2-59 所示，选择文本对象后，打开菜单执行"排列"→"拆分曲线"命令，或按【Ctrl+K】组合键，整体的文字图形被拆分成若干闭合图形，删除"糖果"中某一笔画，以糖果图形替代，文字变得生动鲜活。

图 2-59 拆分曲线后改变笔画效果

> **与图形结合**

把文本和一个图形叠放在一起，同时选中文本和图形，执行"结合"命令。二者结合成一个图形，重叠部分呈现露底显白，如图 2-60 所示，文本自动转换为曲线。

图 2-60 文本与图形结合效果

（5）美术字转换段落文本

美术字文本与段落文本之间可以互相转换，在文本对象上单击鼠标右键，在弹出的命令菜选单上执行"转换到段落文本"命令，即可将美术字转换为段落文本。

（6）使文本适合路径

在设计创作中，需要使文字与图形紧密结合，或者使文字以较为复杂的路径排列，可应用"使文本适合路径"命令。

① 先画一个图形或一条曲线，加选文本对象，打开菜单执行"文本"→"使文本适合路径"命令，文本便自动与路径切合，阶段效果如图 2-61 所示。

图 2-61　文本适合路径效果

② 沿路径排列后的文字，可以在属性栏修改其属性，以改变文字沿路径排列的方式。如图 2-62 所示为文本在路径上不同位置的效果。

图 2-62　文本在路径上不同位置的效果

➢ **文字方向下拉列表**

"文字方向下拉列表"用来设置文本在路径上的排列方向。

➢ **与路径的距离**

"与路径的距离"用来设置文本在路径上的排列后两者之间的距离。

➢ **水平偏移**

"水平偏移"用来设置文本起始点的偏移量。

➢ **镜像按钮**

"镜像按钮"用来设置文本在路径上水平镜像或垂直镜像。

③ 调整好文字位置后，要把文本与路径分离。选择路径文字，执行菜单"排列"→"拆分在一路径上的文本"命令，文字便与路径分离。

④ 改变路径后的文本仍具有文本的基本属性，可以删除或添加文字，更改字体等。

（7）矫正文本

应用"使文本适合路径"命令后，如果需要撤销文字路径，选择路径文本，执行菜单"文本"→"矫正文本"命令，路径文本恢复原始状态，效果如图 2-63 所示。

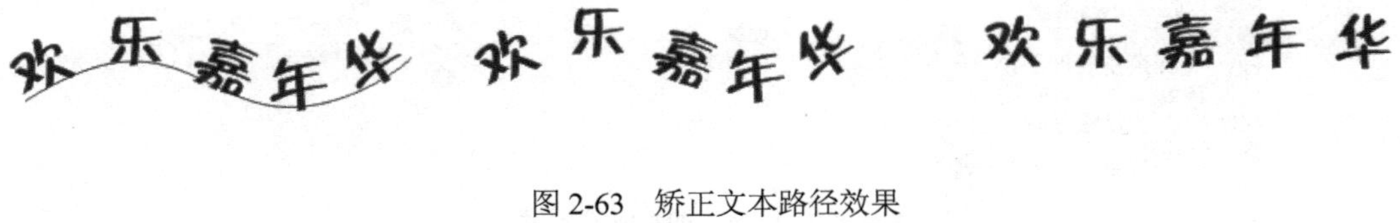

图 2-63　矫正文本路径效果

3. 段落文本

段落文本除了基本属性选项外，还可以通过 "段落文本框"的使用，实现与图形的各种链接，下面做重点介绍。

（1）文本框

➤ 选择"文本工具"，按住鼠标左键在窗口中拖动，显示文本框如图 2-64 所示，可在其中直接输入文本。

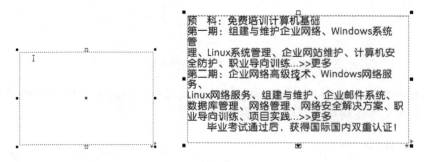

图 2-64　文本框显示状态

➤ 取消文本框，执行菜单"文本"→"段落文本框"→"显示文本框"命令，取消该命令的复选标记即可。

（2）在图形内输入文本

在图形内输入文本可将文本输入到自定义的图形内。以图 2-65 为例，先绘制一个椭圆形或自定义一个封闭图形，选择"文本工具"，将光标移动到图形的轮廓线上，当光标变为垂直双箭头时，单击鼠标左键，在图形内出现一个随形的文本框，可在文本框中输入文本。

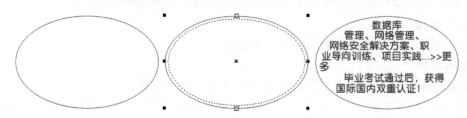

图 2-65　在图形内输入文本效果

（3）文本与图形的链接

文本还可以链接到图形中，以图 2-66 为例，具体方法如下。

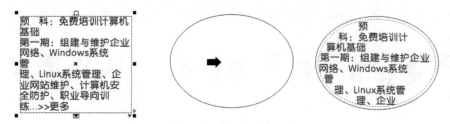

图 2-66　文本与图形链接效果

①　选中文本对象，把鼠标移动到文本框下方的⬇控制点上。

②　单击鼠标左键，光标变成▯形状，把光标移动到图形对象上，光标变为➡形状，单击图形，即可将文本链接到图形对象中。

（4）文本绕图排列

文本绕图排列是指文本沿图形的外轮廓进行各种形式的排列。以图 2-66 为例，具体方法如下。

①　在页面上输入段落文本，导入或绘制一个图形。

②　在图形上单击鼠标右键，弹出快捷菜单，执行"段落文本换行"命令，如图 2-67 所示。保持图形的选取状态，单击属性栏中的"段落文本换行"按钮，弹出下拉列表，选择绕图方式。

图 2-67　"段落文本换行"下拉列表

③　将图形拖放到段落文本中，文本环绕图形效果，如图 2-68 所示。

图 2-68　文本环绕图形效果

注意：

　　文本环绕图不能应用在美术字文本中，如需使用此功能，必须先将美术字文本转换成段落文本。

案例4 房屋框架图

案例描述

使用"矩形工具"、"多边形工具"、"填充工具"、"轮廓笔工具"完成如图2-69所示的房屋框架图。

案例解析

在本案例中，需要完成以下操作：

➢ 使用"矩形工具"绘制房屋平面图的外形，用"形状工具"进行调整；

➢ 使用"填充工具"的不同填充类型填充对象。

图2-69 房屋框架图

（1）双击 CorelDRAW 的快捷图标，或执行"开始"→"程序"→"CorelDRAW Graphics Suite X6"命令，启动 CorelDRAW 程序，然后执行菜单"文件"→"新建"命令，新建图像文件，然后按【Ctrl+S】组合键保存文件，命名为"房屋框架图"。

图2-70 绘制房屋框架效果

（2）单击"矩形工具"按钮，绘制一个矩形，单击"多边形工具"按钮，绘制一个三角形，按住 Shift 键的同时选中两个图形，然后右击鼠标选择"结合"在一起，把边缘线改成"无"，填充颜色为 C:5 M:5 Y:12 K:0，效果如图2-70所示。

（3）绘制房顶，注意透视效果。选择"贝塞尔曲线"工具，进行房顶绘制，然后用形状工具调整房顶的比例和透视关系，可以借助辅助线进行精确调整。最上边房顶的填充颜色设置为 C:19 M:91 Y:95 K:0。中间房顶选择"填充工具"中的"底纹填充"，效果和"底纹填充"对话框如图2-71所示。

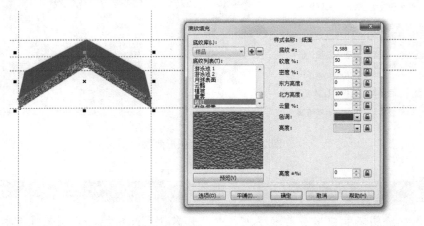

图2-71 绘制房顶效果和"底纹填充"对话框

（4）绘制烟囱。单击"矩形工具"按钮，绘制一个长条矩形，然后在矩形的属性工具栏中找到"同时编辑所有角",确保 🔒 是打开的,设置四个圆角半径分别为 80、80、0、0,将填充颜色设置为房顶的颜色。

再绘制一个矩形,填充为 C:30 M:31 Y:100 K:0,边缘线改成无,将矩形放到烟囱上方,组合后调整屋顶图形的位置,如图 2-72 所示。

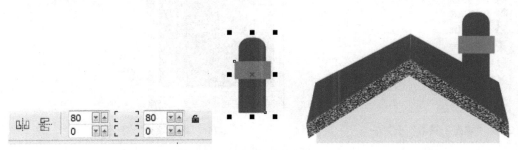

图 2-72　绘制烟囱

(5)单击"矩形工具"按钮 ,绘制一个长条矩形,宽度和房屋主体一致,填充颜色为 C:18 M:22 Y:38 K:0,放到房屋的底部,如图 2-73 所示。

图 2-73　绘制房屋底部

(6)保存并导出.jpg 格式。

2.9　填充工具组

"填充工具组"子菜单如图 2-74 所示,包括"均匀填充"、"渐变填充"、"图样填充"、"底纹填充"、"PostScript 填充"、"无填充"及颜色工具 7 个工具按钮。下面将重点介绍前 5 种填充工具。

1. 均匀填充工具

"均匀填充"工具为对象进行单色填充。打开工具箱中的填充工具工作组,单击"均匀填充"按钮,或按【Shift+F11】组合键,打开"均匀填充"对话框,如图 2-75 所示。

图2-74 "填充工具组"子菜单

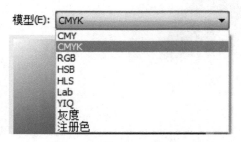（放置于右上）

图2-75 "均匀填充"对话框

（1）"模型"标签

➤ 模型

可以根据绘制对象的不同用途选择不同的颜色模式。例如，印刷品必须使用 CMYK 模式，计算机显示的作品通常使用 RGB 模式。"模型"下拉列表，如图 2-76 所示。

➤ 选项

"选项"下拉列表中常用的是颜色查看器，如图 2-77 所示。

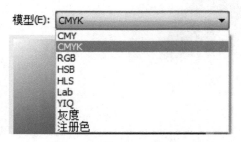

图2-76 "模型"下拉列表

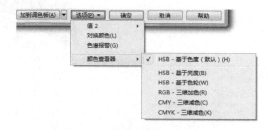

图2-77 "选项"的颜色查看器

"颜色查看器"用于选择颜色查看的显示方式，可以选择自己习惯的显示模式，如图 2-78 所示。

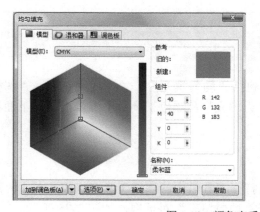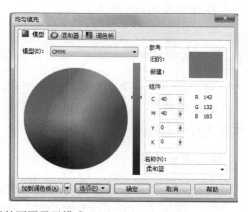

图2-78 颜色查看器的不同显示模式

（2）"混合器"标签

➤ 模型

"模型"选项用于显示填充颜色的色彩模式。

➤ 色度

"色度"选项用于设置颜色的范围及颜色之间的关系，如图 2-79 所示。

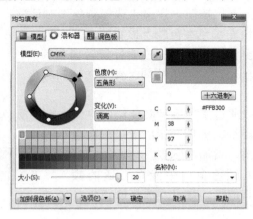

图 2-79　色度的不同颜色显示模式

➤ 变化

"变化"选项可以选择颜色表的显示色调。

➤ 大小

"大小"选项可以拖动滑块设置颜色表显示的列数。

2. 渐变填充工具

渐变填充可为对象增加两种或两种以上的平滑渐进的色彩效果。渐变填充方式是设计中非常重要的技巧，用来表现对象的质感以及非常丰富的色彩变化和层次等。单击"渐变填充"工具，或按 F11 键，弹出"渐变填充"对话框，如图 2-80 所示为"渐变填充"对话框中"双色"选项和"自定义"选项。

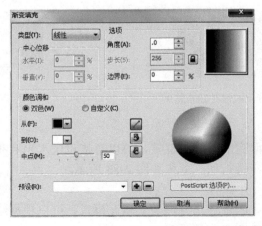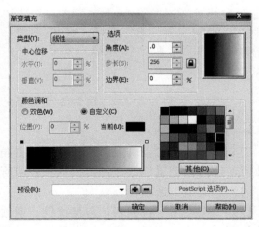

图 2-80　"渐变填充"对话框中"双色"选项和"自定义"选项

（1）颜色调和

"颜色调和"是渐变填充工具中最为重要的选项，包括"双色"单选项和"自定义"单选项。

➤ "双色"选项

渐变的方式是以两种颜色进行过渡，其中的"从"是指渐变的起始颜色，"到"是指渐变的结束颜色。单击右边的下拉按钮，弹出"选择颜色"对话框，从中选择需要的颜色。

选择▨使渐变的两个填充颜色在色轮上以直线方式穿过。

选择⑤使颜色从开始到结束，沿色轮逆时针旋转调和颜色。

选择℃使颜色从开始到结束，沿色轮顺时针旋转调和颜色。

➤ "自定义"选项

选中该单选项后，可以通过添加多种颜色绘制更为丰富的颜色渐变。单击渐变颜色条两端的小方块，出现一个虚线框，如图 2-81 所示。在虚线框内任意点双击鼠标左键，添加控制点，在右边的颜色窗口中选择颜色。如果颜色窗口中没有合适的颜色，单击颜色窗口下面"其他"，弹出"选择颜色"对话框，可从中调配颜色。

图 2-81　自定义渐变颜色条

（2）"选项"栏

"选项"栏包括角度、步长、边界和中心移位。通过改变这几项的数值来调整渐变填充的方向、形状、样式等。

➤ 角度

角度数值的改变可以改变线性、圆锥、方角渐变的方向角度，可以直接设定数值，也可以直接把鼠标放在预览框内按住鼠标左键拖动。

➤ 步长

步长数值可以设置渐变的层次，数值越大渐变效果就越柔和，数值越小渐变层次就越分明。

➤ 边界

"边界"选项用来确定渐变两极之间的距离，数值越大渐变两头之间的距离越小。

设置不同渐变选项数值时对应的渐变效果，如图 2-82 所示。

图 2-82　不同渐变选项数值对应的效果

➤ 中心移位

中心移位数值可以确定射线、圆锥、方角渐变的中心点位置，可以直接设定水平和垂直的数值，也可以把鼠标放在预览框内按住鼠标左键拖动，效果如图 2-83 所示。

（3）"类型"选项栏

打开"类型"下拉列表，包括线性、射线、圆锥、正方形渐变填充模式，可以根据绘制对象的不同用途，选择不同的渐变模式，效果如图 2-84 所示。

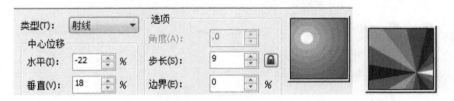

图 2-83　改变渐变选项中心位移数值的对应效果

图 2-84　"类型"下拉列表及不同类型的渐变填充效果

> **线性**

"线性"渐变模式是指在两个或两个以上的颜色之间，产生直线型的渐变，产生丰富的颜色变化效果，可为平面图形表现出立体感。案例中的礼帽就是运用了线性渐变填充。

> **辐射**

两个或两个以上的颜色，以同心圆的形式由对象中心向外辐射。辐射渐变填充可以很好地体现球体的立体效果以及光晕效果。

> **圆锥**

两个或两个以上的颜色，模拟光线照射在圆锥上产生的颜色渐变效果，可产生金属般的质感。

> **正方形**

在两个或两个以上的颜色，以同心方的形式由对象中心向外扩散。

（4）"预设"下拉栏

"预设"下拉栏里设置了常用的色彩渐变模式，可根据对象需要选择不同的预设渐变填充。

3. 图样填充工具

打开"图样填充"对话框，如图 2-85 所示，可以为对象填充预设的填充纹样，也可自己创建填充图样或导入图像进行填充。图样填充的样式包括双色图样填充、全色图样填充和位图图样填充。

（1）双色图样填充

> **前部、后部**

双色图样填充只有"前部"、"后部"两种颜色，单击颜色框箭头，弹出颜色窗口，设置"前部"、"后部"的颜色。

> **原始**

调整"X"和"Y"数值框中的数值，可以调整图案填充到对象中的位置。

> **大小**

调整"宽度"和"高度"数值框中的数值，可以调整图案的单元图案大小。

如图 2-86 所示为调整前部、后部颜色及大小的填充效果。

图形图像处理（CorelDRAW X6）

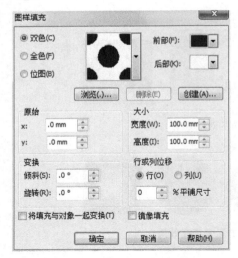

图 2-85 "图样填充"对话框　　　图 2-86 调整前部、后部颜色及大小的填充效果

> **变换**

在调整"倾斜"和"旋转"数值框中输入数值，可以使单元图案倾斜或旋转。

> **行或列的位移**

在"平铺尺寸"数值框中调整"行"或"列"的百分比值可以使图案产生错位的效果。调整位移、变化及镜像的填充效果如图 2-87 所示。

图 2-87 调整位移、变化及镜像的填充效果

> **将填充与对象一起变换**

勾选该项后，图案将随对象的缩放、倾斜、旋转等的变换一起变换。

> **镜像填充**

勾选该项后，图案在填充后将产生图案镜像的填充效果。

（2）全色图样填充

全色图样填充以矢量图案和位图文件的方式填充到对象。打开全色图样填充对话框，选项内容与双色图样填充的选项基本一致，通过调整颜色、大小、变化等数值，生成各种新的图样；也可以创建填充图样，或导入图像进行填充，效果更加丰富。调整大小、位移、变化及镜像的全色填充效果，如图 2-88 所示。

图 2-88 调整大小、位移、变化及镜像的全色填充效果

（3）位图图样填充

位图图样的填充，其复杂性取决于图像的大小和图像的分辨率，填充效果比前两种更加丰富，如图 2-89 所示。

图 2-89　位图填充效果

4. 底纹填充工具

底纹填充提供 CorelDRAW 预设的底纹样式，底纹样式模拟了自然景物，可赋予对象生动的自然外观。"底纹填充"对话框，如图 2-90 所示。

图 2-90　"底纹填充"对话框

（1）底纹库

底纹库共有 7 个纹样组，每个纹样组下设若干底纹样式。各纹样组呈现不同风格，有模拟自然的、人工创造物的，还有许多奇异的抽象图案。

（2）底纹列表

选择某纹样组，底纹列表列出相应的底纹样式，可以根据设计对象的不同质感选择不同的底纹。

5. PostScript 填充工具

PostScript 填充是使用 PostScript 语言设计的特殊纹理填充。有些底纹非常复杂，因此打印或显示用 PostScript 底纹填充的对象时，用时较长。单击 PostScript 填充工具，打开 PostScript 填充对话框，选择任一底纹，参数选项会列出与之相配的各种选项，修改参数数值，可以改变底纹样式，"PostScript 底纹"对话框和设置不同参数后的不同效果，如图 2-91 所示。

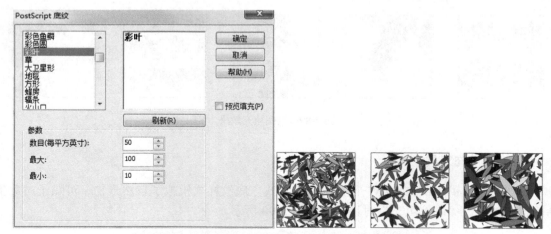

图 2-91　"PostScript 底纹"对话框和设置不同参数后的不同效果

2.10　智能填充工具

　　智能填充工具为对象的颜色填充提供了更多的可能，智能填充工具不仅能填充局部颜色和轮廓颜色，还能对由闭合线条包围的空白区域进行填充。选择智能填充工具，属性栏显示相应的选项，如图 2-92 所示。下面以图 2-93 为例，介绍智能填充工具的使用方法。

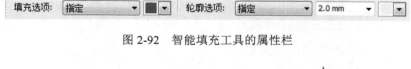

图 2-92　智能填充工具的属性栏

图 2-93　使用智能填充工具

　　① 用星形工具和椭圆形工具画一个五角星和一个圆形，把两个图形重叠在一起。
　　② 选择智能填充工具，在属性栏中"填充选项"的颜色框中选择颜色，单击任一由闭合线条包围的区域进行填充。
　　③ 在属性栏中"轮廓选项"的颜色框中选择颜色，选择粗细合适的轮廓线，单击任一局部，可添加各种颜色的轮廓线。
　　④ 每个新色块都是一个新图形，可以任意拖动。

案例5　房屋效果图

 案例描述

使用"矩形工具"、"多边形工具"、"填充工具"、"轮廓笔工具""交互式阴影工具"及"度量工具"等绘制如图 2-94 所示的房屋效果图。

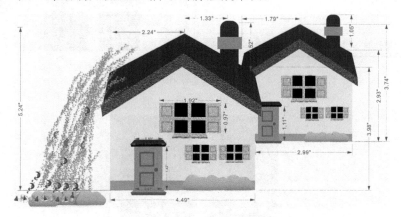

图 2-94　房屋效果图

 案例解析

在本案例中，需要完成以下操作：

➢ 使用"矩形工具"□、绘制房屋平面图的外形，用"形状工具"进行调整；

➢ 使用"填充工具"的不同填充类型填充对象；

➢ 使用"轮廓笔工具"的各种功能处理图形边线；

➢ 使用"度量工具"做尺寸的标注。

（1）双击 CorelDRAW 的快捷图标，或执行"开始"→"程序"→"CorelDRAW Graphics Suite X6"命令，启动 CorelDRAW 程序，然后执行菜单"文件"→"打开"命令，打开名为"房屋框架图.cdr"的文件。

（2）添加门窗。单击 "矩形工具"绘制一个 35mm×35mm 的正方形，填充为黑色。

绘制一个 4mm×35mm 的长方形，单击"填充工具"按钮，选择"底纹填充"，设置底纹纹样如图 2-95 左图所示。复制这个长方形，旋转 90 度，使两个长方形十字交叉，然后放到正方形的中间。

再绘制一个 17mm×35mm 的长方形，使用同样的纹样填充，然后复制这个图形，将两个长方形放到正方形的两侧，如图 2-95 右图所示。

（3）分别绘制一个 12mm×12mm 和 10mm×10mm 的正方形，然后分别对两个正方形进行纹样填充（要有区别，可以更改纹样填充中纹样的样式和颜色），然后将把两个正方形的中心点对齐叠放在一起并群组。将群组的正方形复制并粘贴 3 个同样的正方形，如图 2-96 所示。

图 2-95　"图样填充"对话框和阶段效果

图 2-96　阶段效果图

（4）绘制窗台。使用"贝塞尔曲线"工具绘制两个梯形，并进行纹样填充，最后将整个窗户图形进行群组，如图 2-97 所示。

图 2-97　阶段效果图

（5）复制并粘贴两个窗户图形，按住 Shift 键调整大小，将其摆放到房屋墙体上，如图 2-98 所示。

（6）用绘制窗户的同样方法和工具绘制一个门，最终的效果如图 2-99 所示。

图 2-98　阶段效果图　　　　　　　　　　图 2-99　绘制门的最终效果

（7）把整个房子群组（【Ctrl+Q】组合键），复制并粘贴一个，按住 Shift 键缩放比例，拖动位置，如图 2-100 所示。

图 2-100　房屋效果图

（8）用"贝塞尔曲线"工具绘制草丛，然后使用渐变填充工具进行填充，形状和数值如图 2-101 所示。

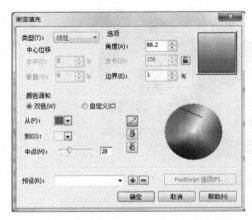

图 2-101　"渐变填充"对话框和阶段效果

（9）给草添加阴影。选择"调和工具"中的 "阴影工具" ，然后调整阴影方向和轻重 ，最后把草丛放到房子的前面，如图 2-102 所示。

图 2-102　添加阴影后的效果

（10）打开素材中的"花.cdr"，将里边的花草拖动到房子的旁边，如图 2-103 所示。

图 2-103　阶段效果

（11）单击"度量工具"中的"水平或垂直度量工具"按钮 ，在要测量标注的对象水平或垂直边缘线上单击鼠标左键，拖动鼠标至另一边的边缘点松开，出现标注线后，在标注线的垂直方向上拖动标注线，调整好与对象之间的距离后单击鼠标左键，系统将自动添加水平或垂直距离的标注。使用"选择工具" 选择标注中的文本对象，在属性栏中设置标注文字的字体、字号及文本方向等。按以上方法对平面图中的各区域进行测量，如图 2-104 所示。

图 2-104　添加尺度的效果

（12）将图片另存为"房屋效果图"并导出.jpg格式。

案例6　画框中的小青蛙

 案例描述

使用"裁剪工具"、"填充工具"、"智能填充工具"及"轮廓笔工具"等绘制如图2-105所示的"画框中的小青蛙"。

图2-105　"画框中的小青蛙"

 案例解析

在本案例中，需要完成以下操作：

➢ 使用"裁剪工具" 裁剪出画框；
➢ 使用"填充工具" 的不同填充类型填充对象；
➢ 使用"智能填充工具" 进行对同种颜色的填充。

（1）双击CorelDRAW的快捷图标，或执行"开始"→"程序"→"CorelDRAW Graphics Suite X6"命令，启动CorelDRAW程序，然后执行菜单"文件"→"新建"命令，按【Ctrl+S】组合键保存文件，命名为"画框中的小青蛙"。

（2）执行菜单"文件"→"打开"命令，打开"素材"文件中的"画框.jpg"，选择"裁剪"工具对它进行裁剪，将多余的文字信息裁掉，裁剪前后的效果对比如图2-106所示。

图2-106　裁剪前后的效果对比

（3）使用"手绘工具组"中的"贝塞尔工具"绘制出小青蛙的大体轮廓，并填充为黑色，如图 2-107 所示。

（4）新建一个名为"小青蛙面部及身体"的文件，使用"手绘工具组"中的"贝塞尔工具"绘制出小青蛙面部及身体的轮廓，并用"形状工具"调整节点。选择"智能填充工具"进行填充，填充颜色为 C:60 M:10 Y:100 K:0，并把轮廓线改成"无"。效果如图 2-108 所示。

图 2-107　绘制小青蛙　　　　　　　　　　　图 2-108　绘制小青蛙面部和身体

（5）把绘制好的小青蛙的面部及身体拖动到"画框中的小青蛙"文件中，并把小青蛙的衣服改成 C:0 M:0 Y:100 K:0（黄色），然后用"贝塞尔工具"绘制小青蛙的脚，轮廓线为"无"，并对它进行"渐变填充"，效果图及"渐变填充"对话框，如图 2-109 所示。

图 2-109　填充颜色

（6）把填充好颜色的小青蛙面部和身体图层群组，将其拖动到黑色的完整小青蛙身体上方并调整好位置。用"椭圆工具"绘制小青蛙的眼睛，使用"贝塞尔工具"绘制小青蛙的脸盘和眉毛，脸盘的填充颜色为 C:40 M:0 Y:100 K:0，如图 2-110 所示。

（7）绘制小青蛙的嘴巴及其他。使用"椭圆工具"绘制两个圆形，同时选中两个圆形，选择工具栏中的"移除前面对象工具"，然后对其进行填充和变形，效果

图 2-110　小青蛙的眼睛和脸盘

如图 2-111 所示。

（8）绘制小青蛙的眼镜并制作眼镜的投影。使用"椭圆工具" ![icon]绘制一个椭圆形，颜色为"无"![icon]，并用步骤（7）的方法绘制眼镜的投影。将制作好的眼镜和投影群组后复制，如图 2-112 所示。

图 2-111　小青蛙的嘴巴和其他效果　　　　　图 2-112　眼镜和眼镜投影效果

（9）绘制画笔。使用"贝塞尔工具"绘制出"笔杆"，填充颜色为 C:100 M:100 Y:0 K:0（蓝色），绘制笔头和笔刷，填充颜色为渐变，画笔效果及渐变填充参数如图 2-113 所示。

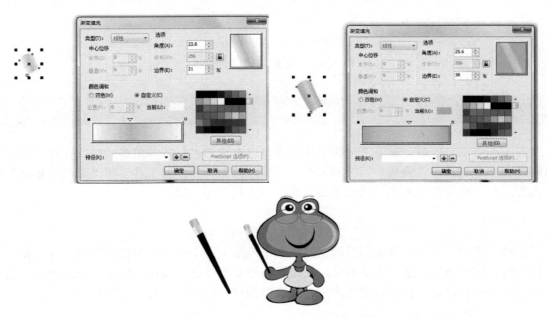

图 2-113　画笔效果及渐变填充参数

（10）把绘制好的小青蛙拖放到画框中。选择"文本工具"![icon]，分别输入"绘"、"画"、

"能"、"手"、"小"、"青"、"蛙"。字体为"方正彩云简体"（若没有可根据自己的喜好更改字体），字号为"48"，在画框中依次排列美观。

（11）执行"文件"→"保存"命令，将图像文件保存。

2.11 度量工具

在 CorelDRAW 中，利用"度量工具"  可以对图形进行各种垂直、水平、倾斜和角度的测量，并会自动显示测量的结果，如图 2-114 所示。

图 2-114 "度量工具"属性栏

单击多边形工具，在属性栏中设置边数为 6，绘制六边形，利用"度量工具"进行测量，效果如图 2-115 所示。

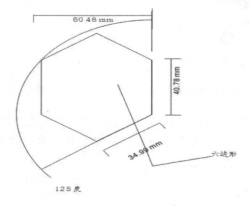

图 2-115 "度量工具"使用效果

2.12 裁剪工具

在 CorelDRAW 中，利用"裁剪工具" 可以对图形进行各种裁剪和修改处理，裁剪工具组共有 4 个工具，"裁剪"、"刻刀"、"橡皮擦工具和刻刀工具"和"虚拟段删除"以下内容是对"裁剪"工具和"橡皮擦工具和刻刀工具"的介绍。

1. 裁剪

选择"裁剪"工具，再使用裁剪工具拉一个矩形，这个矩形所包括的图形部分是我们需要保留的。矩形以外的部分将被剪掉，在矩形框中双击则确定操作。使用 CorelDRAW 裁剪工具的选择框可以通过控制点调整大小，也可以旋转，和矩形工具的用法相同。

2. 橡皮擦工具和刻刀工具

"橡皮擦工具和刻刀工具"是在处理路径时使用，以及在处理相关矢量图形的时候使用的工具。

2.13　交互填充工具组

交互填充工具组如图 2-116 所示，包括"交互式填充"工具和"网状填充"工具，使用更加方便，效果也更加多变。

图 2-116　交互填充工具组

1. 交互式填充工具

"交互式填充"工具的填充方式包括均匀填充、渐变填充、图样填充、底纹填充、PostScript填充。选择交互式填充工具后，可以直接在属性栏中设置填充参数，如图 2-117 所示。

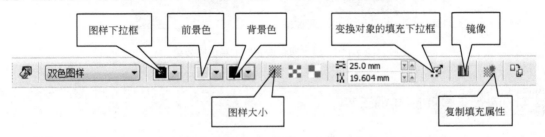

图 2-117　交互式填充工具属性栏

也可以在对象上直接拖动控制框的各个控制点，更加直观地进行调整，如图 2-118 所示。

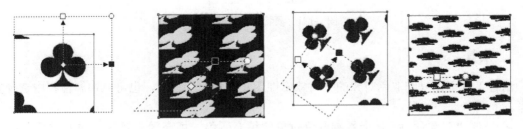

图 2-118　交互式填充工具的控制框

2. 网状填充工具

"网状填充"工具可以实现复杂多变的渐变填充效果，通过网格数量的设定和网格形状的调整，让各个填充色自由融合。使用"网状填充"工具，通过操作属性栏里的各个选项来实现，如图 2-119 所示。

➢ "网状填充"工具可以在属性栏的网格数量框内调整网格数量，从而增加填充色的复杂程度。

图 2-119 "网状填充"工具的属性栏

➢ 在属性栏的节点编辑框内选择网格的节点样式，通过调整节点来修整填充颜色的形状和位置；

➢ 可以单击节点填充颜色，也可以在网格内单击，出现一个控制点，再填充颜色。如图 2-120 所示。

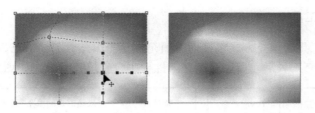

图 2-120 用"网状填充"工具填充效果

2.14 滴管工具和颜料桶工具

"滴管"工具和"颜料桶"工具是为对象取色、填充的辅助工具，如图 2-121 所示。

图 2-121 滴管、颜料桶工具组

1. 滴管工具

滴管工具可以复制取色对象的"对象属性"和"示范颜色"，也可以在属性栏中选择复制类型。

➢ 复制"对象属性"是指复制取色对象的填充颜色、填充效果及轮廓线的颜色、粗细等属性。

➢ 复制"示范颜色"是指单纯复制取色对象的填充颜色。

2. 颜料桶工具

可以将滴管复制的"对象属性"或"示范颜色"应用于其他对象。

3. 属性栏

在"选择是否对对象属性或颜色取样"的下拉列表中，设置"对象属性"和"示例颜色"。选择"对象属性"选项后，可以打开"属性"、"变换"和"效果"下拉列表，根据需要选择使用。选择"示例颜色"选项后，可以打开"示例尺寸"下拉列表，选择将要使用的示例尺寸。

2.15　轮廓工具组

"轮廓"工具组可以为对象的轮廓线设置宽度、颜色、样式和箭头等属性，如图 2-122 所示，轮廓工具组包括轮廓笔、无轮廓及几种不同宽度的轮廓线。

1. 轮廓笔工具

单击"轮廓"工具组中的"轮廓笔"按钮，或按快捷键【F12】，弹出"轮廓笔"对话框，如图 2-123 所示。

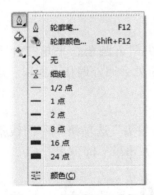

图 2-122　"轮廓"工具组

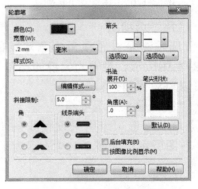

图 2-123　"轮廓笔"对话框

（1）"颜色"下拉列表

打开轮廓笔里的"颜色"选项的下拉调色板如图 2-124 所示，可以根据需要选择轮廓线的颜色，还可以单击调色板下端的"其他"，弹出调色板，调整所需的颜色。

（2）"宽度"选项栏

"宽度"选项栏包括"宽度"下拉列表和"单位"下拉列表，如图 2-125 所示，可以在宽度下拉列表中选择各种宽度的轮廓线，也可以自定义轮廓线宽度。"单位"下拉列表中有多种单位，可以根据对象需要设定。

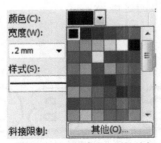

图 2-124　"颜色"下拉列表

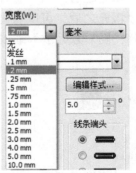

图 2-125　"宽度"选项栏

（3）"样式"下拉列表

"样式"下拉列表中预设了多种轮廓线样式，如图 2-126 所示；也可以打开"编辑样式"按钮，开启"编辑线条样式"对话框，自定义轮廓线样式。

（4）"箭头"选项组

"箭头"选项组可以设置轮廓线的箭头样式，如图 2-127 所示。

图 2-126 "样式"下拉列表

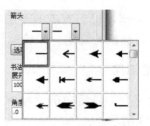

图 2-127 "箭头"选项组

（5）"角"选项组

"角"选项组是设置线条拐角形状的选项。角选项有尖角、圆角、平角三种形状，如图 2-128 左图所示。对较为尖锐的拐角，选择尖角形状拐角处会向外偏移，所以一般选用圆角，就可以避免拐角偏移。

（6）"线条端头"选项组

"线条端头"选项组用来设置线条端头的效果，"线条端头"选项组中不同线条形状如图 2-128 右图所示。如图 2-129 所示为不同线条端头设置"五角星"的效果。

图 2-128 "角"和"线条端头"选项组中的不同形状

图 2-129 不同线条端头的效果图

（7）"书法"选项组

对"书法"样式的各属性进行设置，包括"笔尖形状"、"展开"文本框和"角度"文本框，如图 2-130 所示。

（8）"填充之后"和"随对象缩放"复选框

选择"填充之后"可以弱化轮廓线，更加突出对象的形状，前后的对比效果如图 2-131 所示。选择"随对象缩放"缩放对象时，轮廓线的宽度也随之改变。

图 2-130 "书法"选项组

图 2-131 选择"填充之后"前后的对比效果

2．无轮廓

对象不需要轮廓线，可以在轮廓工具组选择"无轮廓"图。

3．细线和不同宽度的线

（1）在设计画稿初期运用细线，随着设计的深入，依据需要为对象选择无轮廓或各种宽度的轮廓线。

（2）可以直接选择各种宽度的轮廓线，也可以打开"轮廓笔"对话框设置自定义宽度数值。

4．颜色泊坞窗

轮廓工具组中的颜色泊坞窗和填充工具组中的颜色泊坞窗相同，不仅能为对象填充颜色，还能为对象的轮廓线填充颜色。

思考与实训 2

一、填空题

1．"贝塞尔工具"主要用来绘制_____、_____的曲线。通过改变_____和的位置来控制曲线的弯曲度，达到调节直线和曲线形状的目的。

2．曲线是由_____和_____组成的，节点是对象造型的关键，运用_____工具调整图形对象的造型也可以随意添加节点或删除节点。

3．CorelDRAW 为用户提供了三种节点编辑形式：_____、_____、_____。这三种节点可以相互转换，实现曲线的变化。

4．单色填充工具的快捷键是_____，轮廓笔快捷键是_____。

5．填充工具组包括均匀填充、_____、图样填充、_____、PostScript 填充、无填充、颜色泊坞窗。

6．渐变填充类型主要包括线性渐变、_____、_____、正方形渐变模式。

7．智能填充工具不仅能填充对象局部颜色和轮廓颜色，还能对由闭合线条包围的区域进行颜色和轮廓颜色的填充。

8．轮廓工具可以对对象的轮廓设置 _____、_____、样式和箭头等属性。

9．在工具栏中双击"矩形工具"，_____。按住_____拖动鼠标，可绘制正方形，按住_____拖动鼠标，绘制以单击点为中心的矩形；按住_____拖动鼠标，则绘制以单击点为中心的正方形。

10．应用"使文本适合路径"命令后，如果需要撤销改变了的文字路径，选择与路径分离后的路径文字，执行"文本"菜单_____命令，路径文字即可恢复原始状态。

二、上机实训

1．使用"椭圆形工具"、"钢笔工具"和"文字工具"设计一个网站标志，效果如图 2-132 所示。

图 2-132 "标志"效果图

图 2-133 "房产广告"效果图

提示

➢ 应用"椭圆形工具"、"钢笔工具"绘制"网站标志"轮廓，用"形状工具"调整节点；

➢ 为增强质感，用"填充工具"为标志轮廓填充颜色；

➢ 应用"文字工具"输入文字，并调整文字的字体、大小和颜色；

2. 使用"轮廓笔"及"文字"工具设计"房产广告"，效果如图 2-133 所示；

提示

➢ 应用"矩形工具"和"贝塞尔工具"绘制广告的基本框架；

➢ 应用"轮廓笔工具"和"将轮廓转换为图形工具"绘制虚线图形；

➢ 应用"图框精确剪裁"命令编辑位图；

➢ 应用"文字工具"输入文字，并调整文字的字体、大小和颜色。

模块三

图形的编辑与管理

案例 7　彩虹心笔记簿封面

 案例描述

　　巧用各种复制的方法完成底纹中的心形和彩虹条的制作，运用 "群组"、"造形"命令和"透视"、 "图框精确剪裁"效果对图形进行编辑与管理，制作如图 3-1 所示的"彩虹心笔记簿封面"效果。

图 3-1　"彩虹心笔记簿封面"效果

 案例解析

在本案例中，需要完成以下操作：

➢ 使用矩形工具完成笔记簿轮廓的绘制；

➢ 使用基本形状工具、"步长和重复"命令绘制底纹中的心形；

➤ 运用"群组"命令、"透视"和"图框精确剪裁"效果形成透视效果的心形底纹；
➤ 运用"再制"和"群组"命令完成矩形彩虹条的绘制；
➤ 运用"造形"命令完成彩虹心效果；
➤ 使用文本工具输入文字。

（1）执行"文件"→"新建"命令，打开"创建新文档"对话框，设置参数如图 3-2 所示；单击"确定"按钮，创建一个名称为"笔记簿封面"的新文档。

（2）使用"矩形工具" ▢绘制一个与页面大小一致的矩形，填充粉色（C:0 M:40 Y:20 K:0），轮廓为 1.0mm、黑色。

（3）选择"基本形状工具" ▧，在其属性栏中单击"完美形状"按钮▱，从中选择心形；在页面的左上角绘制心形，填充颜色为 C:0 M:100 Y:0 K:0，轮廓为"无"，效果如图 3-3 所示。

图 3-2　"创建新文档"对话框

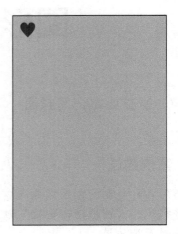

图 3-3　绘制心形

（4）使用"选择工具" ▷选中刚绘制好的心形，执行菜单"编辑"→"步长和重复"命令，弹出"步长和重复"泊坞窗，设置相关参数如图 3-4 所示，单击"应用"按钮，效果如图 3-5 所示。

图 3-4　"步长和重复"泊坞窗

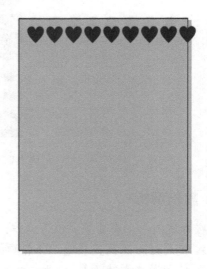

图 3-5　复制后的心形效果

（5）使用"选择工具" ，在按住 Shift 键的同时选中所有的心形，执行菜单"排列"→"群组"命令，将所有心形组合为一个整体。执行菜单"效果"→"添加透视"命令，拖动控制点进行调整，产生透视效果，如图 3-6 所示。

（6）复制、粘贴透视后的心形，让其均匀占满整个页面。选中所有心形，单击鼠标右键，执行"群组"命令。然后执行菜单"效果"→"图框精确剪裁"→"置于图文框内部"命令，此时，光标变为黑色箭头，单击矩形背景，如图 3-7 所示。

图 3-6 透视后的心形

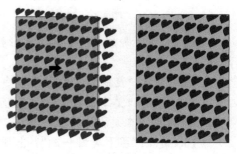

图 3-7 将所有心形置于页面内

（7）执行菜单"布局"→"插入页面"命令，新建一个页面。使用"矩形工具" 绘制一个长条矩形，填充红色（C:0 M:100 Y:100 K:0），轮廓为"无"，如图 3-8 所示。

（8）选中红色长条矩形，执行菜单"编辑"→"再制"命令，在其右上方复制出另一个矩形.调整新矩形的位置,使其紧贴原矩形右边平行放置,调整填充颜色为黄色（C:0 M:0 Y:100 K:0），如图 3-9 所示。

图 3-8 绘制一个矩形

图 3-9 "再制"出的矩形

（9）多次执行菜单"编辑"→"再制"命令，并调整矩形条的颜色，使其形成"赤橙黄绿青蓝紫"的彩虹。选中所有矩形条，执行菜单"排列"→"群组"命令，将其组合为一个整体。

（10）选择"基本形状工具" ，在其属性栏中单击"完美形状"按钮，从中选择心形，在页面中心绘制一个大小合适的心形，如图 3-10 所示。

（11）选中心形，执行"排列"→"造形"→"造形"命令，弹出"造形"泊坞窗，设置造形类型为"相交"，如图 3-11 所示。单击"相交对象"按钮后，再单击页面中的彩虹区域，形成彩虹心效果。

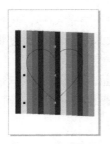

图 3-10 绘制心形 　　　　　　　　　　图 3-11 "造形"泊坞窗

（12）使用"轮廓笔"工具 为彩虹心设置 2mm 的白色轮廓线，设置好后的效果如图 3-12 所示。

（13）使用"复制"、"粘贴"命令，复制彩虹心到心形底纹页面中，调整彩虹心的位置。

（14）使用"文本工具" 在页面上方正中输入"for YOU"，字体"Arial Black"，字号"48pt"，黑色。在页面下方正中输入"留下美好一刻"，字体"华文行楷"，字号"72pt"。

（15）选中"留下美好一刻"，出现控制点。单击控制点，使其变为弧形双箭头，如图 3-13 所示。拖动箭头，旋转文字。调整文字位置，最终效果如图 3-1 所示。保存文件。

图 3-12 彩虹心效果 　　　　　　　　图 3-13 文字周围出现弧形箭头

3.1 选择

1. 选择一个对象

单击工具箱中的"选择工具"按钮 ，在对象上单击，即可选中；也可以使用选择工具在要选取的对象周围单击，按住鼠标左键并拖动，可以将选框覆盖区域中的对象选中。

2. 选择多个对象

单击工具箱中的"选择工具"按钮 ，按住 Shift 键单击要选择的每个对象。

3. 选择所有对象

执行菜单"编辑"→"全选"→"对象"命令。

4. 选择群组中的一个对象

单击工具箱中的"选择工具"按钮 ，按住 Ctrl 键单击群组中的对象。

5. 选择被其他对象遮掩的对象

单击工具箱中的"选择工具"按钮 ⬚，按住 Alt 键单击顶端的对象一次或多次，直到被遮掩的对象周围出现选择框。

3.2 剪切、复制与粘贴

在作品设计的过程中，经常会出现重复的对象。CorelDRAW 提供了多种复制对象的方法，可以将对象复制到剪贴板，然后粘贴到工作区中，也可以再复制对象。剪切和复制对象可以在同一文件或者不同文件中进行，"剪切"、"复制"命令需要和"粘贴"命令配合使用，图 3-14 中，列出了"编辑"菜单中所有有关剪切、复制与粘贴的菜单命令。

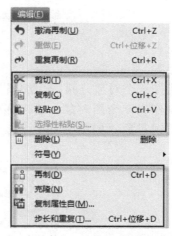

图 3-14 有关剪切、复制、粘贴的菜单命令

1. 剪切

剪切是把当前选中的对象移入剪贴板中，原位置的对象消失，再通过"粘贴"命令将对象移动到一个新位置。选择一个对象，执行菜单命令"编辑"→"剪切"或按【Ctrl+X】组合键；也可以选择一个对象，单击鼠标右键，在弹出的快捷菜单中执行"剪切"命令。

2. 复制

选择一个对象，执行菜单命令"编辑"→"复制"或按【Ctrl+C】组合键；也可以选择一个对象，单击鼠标右键，在弹出的快捷菜单中执行"复制"命令；也可以使用鼠标右键拖动对象到另外的位置，释放鼠标后，在弹出的快捷菜单中执行"复制"命令；也可以使用选择工具拖动对象，移动到某位置后单击鼠标右键，然后释放鼠标。

3. 粘贴

对对象执行完"剪切"或"复制"命令后，接下来进行粘贴。执行菜单命令"编辑"→"粘贴"或按【Ctrl+V】组合键，即可在当前位置粘贴出一个新对象。

4. 选择性粘贴

在其他位置或文件中（如 Word 文档中）复制所需的对象；回到当前的 CorelDRAW 页面中，执行菜单命令"编辑"→"选择性粘贴"，弹出"选择性粘贴"对话框，如图 3-15 所示，进行相关设置，单击"确定"按钮。

5. 再制

再制对象的速度比复制、粘贴要快；并且可以沿水平和垂直方向确定副本和原始对象之

图 3-15 "选择性粘贴"对话框

间的距离。

选择一个对象，执行"编辑"→"再制"命令，或按【Ctrl+D】组合键，在图像右上方再制作出一个新对象。适当移动该对象，继续执行"再制"命令，就可以复制出间距相等的连续对象，如图 3-16 所示。

图 3-16 由一个笑脸到多个相同间距笑脸的再制过程

6. 克隆

克隆对象即创建链接到原始对象的对象副本。如图 3-17 所示，选择需要克隆的对象，执行"编辑"→"克隆"命令，即可在原图上方克隆出一个新图。对原图进行修改后，克隆图随之发生变化。但是，对克隆图所做的任何更改都不会反映到原图中。

图 3-17 "克隆"后分别对原图、克隆图修改后的效果

7. 复制属性

使用"复制属性自"命令，可以将属性从一个对象复制到另一个对象。可以复制的属性

包括轮廓、填充、文本属性以及应用于对象的属性等。如图 3-18 所示，首先选择要通过复制改变属性的目标对象，执行"编辑"→"复制属性自"命令，在弹出的"复制属性"对话框中进行相应的设置，然后单击"确定"按钮。

图 3-18　"复制属性"对话框的设置及其相应效果

8. 步长和重复

使用"步长和重复"命令，可按设置的参数复制对象。如图 3-19 所示，选择需要复制的对象，执行"编辑"→"步长和重复"命令，在弹出的泊坞窗中分别对"水平设置"、"垂直设置"和"份数"进行设置，然后单击"应用"按钮。

图 3-19　"步长和重复"泊坞窗及其效果

3.3　群组

在 CorelDRAW 中，为对象群组是较为常用的功能。将对象群组后，可以对群组内的所有对象同时进行移动、缩放、旋转等基本操作。群组后的对象原属性保持不变，不能运用

"形状工具"调整节点。可以随时取消群组，取消群组后，可以对其中一个对象进行单独编辑。选中两个以上的对象时，属性栏中将出现群组按钮，如图 3-20 所示。

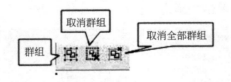

图 3-20 属性栏"群组"按钮

1. 群组

使用"选择工具"选择需要群组的对象，执行菜单的"排列"→"群组"命令，也可单击属性栏中的"群组"按钮，或使用组合键【Ctrl+G】，将所选取的对象群组在一起。群组后的对象组还可以再和另外的对象继续群组。群组后对象的填充颜色、轮廓线等原属性保持不变。

如图 3-21 所示，移动椭圆形到星形的中心位置，同时选中星形和椭圆，执行群组命令，就可以将它们群组成一个整体，形成太阳花。把群组形成的太阳花进行复制、移动、缩放和排列顺序，组成一个更大的对象组。

图 3-21 "群组"的效果

2. 取消群组

使用"选择工具"选择需要取消群组的对象，执行菜单的"排列"→"取消群组"命令，也可以单击属性栏中的"取消群组"按钮，或使用组合键【Ctrl+U】，所选取的群组对象即可解散群组。

3. 取消全部群组

对多次进行群组的嵌套群组对象，可执行菜单的"排列"→"取消全部群组"命令，也可以单击属性栏中的"取消全部群组"按钮，所选取的群组对象即可解散成为单个元素对象。

3.4 造形

"造形"功能可以改变对象形状，是在 CorelDRAW 中绘制图形时经常使用的命令。打开"排列"菜单的"造形"子菜单，如图 3-22 所示。子菜单包括"合并"、"修剪"、"相交"、"简化"、"移除后面对象"、"移除前面对象"、"边界"等功能。选中两个或两个以上对象时，属性栏随之显示造形命令的所有按钮，如图 3-23 所示。

图 3-22　"造形"子菜单

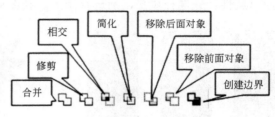

图 3-23　属性栏"造形"按钮

1. 合并

"合并"功能可以将两个或两个以上的图形对象焊接在一起，也可以焊接线条，但不能对段落文本和位图进行焊接。多个对象焊接在一起，成为单一轮廓的新对象，原对象之间的重叠部分自动消失。使用"选择工具"选择需要焊接的对象，执行菜单"排列"→"造形"→"合并"命令，也可以单击属性栏中的"合并"按钮，所选取的对象即可焊接在一起。焊接后的对象属性与最后选取的对象属性保持一致。如图 3-24 所示，先选择三角形，按住 Shift 键，再选择圆形，执行"合并"命令后，新图形和后选择的圆形的属性保持一致；先选择圆形，按住 Shift 键，再选择三角形，执行"合并"命令后，新图形和后选择的三角形的属性保持一致。

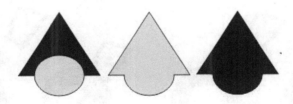

图 3-24　后选择不同对象"合并"后的对比效果

2. 修剪

使用"修剪"按钮，可以用目标对象修剪与其他对象之间重叠的部分。先选择的对象为目标对象，执行"修剪"命令后仍保留原有的填充和轮廓属性；后选择的对象为被修剪对象。使用"选择工具"先选择目标对象，再选择修剪对象，执行菜单"排列"→"造形"→"修剪"命令，或单击属性栏中的"修剪"按钮，所选取的修剪对象即可被剪掉与目标对象重叠的部分，成为一个新的图形对象。如图 3-25 所示，先选取心形，后选取矩形，执行"修剪"命令后，心形保留原有属性，矩形被修剪成为新图形。变换目标对象后，心形则被修剪成为新图形。

3. 相交

使用"相交"命令，可以将两个图形对象之间重叠的部分创建为一个新对象，新的图形对象保留后选择对象的填充和轮廓属性。使用"选择工具"先选择一个对象，再加选另一个对象，执行菜单"排列"→"造形"→"相交"命令，也可以单击属性栏中的"相交"按钮，所选取的两个对象重叠的部分，成为一个新的图形对象，该图形保留后选择对象的相关属性。如图 3-26 所示，先选择矩形，后选择星形，执行"相交"命令后，新图形保留星形的原有属性。先选择星形，后选择矩形，新图形则保留矩形的原有属性。

图 3-25　选取不同目标对象"修剪"后的对比效果　　图 3-26　后选择不同对象"相交"产生的对比效果

4. 简化

使用"简化"命令，可以剪去两个或两个以上对象之间的重叠部分，简化后的对象仍保留原有的填充和轮廓属性。使用"选择工具"先后选择两个或两个以上的对象，执行菜单的"排列"→"造形"→"简化"命令，也可以单击属性栏中的"简化"按钮，下层的对象即可被上层的对象剪掉重叠的部分，成为一个新的图形对象。如图 3-27 所示，执行"简化"命令后，下层的对象被上层的对象简化成为新图形。变换上下位置后，则简化成为另外的新图形。

图 3-27　对象变换不同位置后"简化"的不同效果

5. 移除后面对象

使用"选择工具"选择两个重叠的对象，执行菜单"排列"→"造形"→"移除后面对象"命令，也可以单击属性栏中的"移除后面对象"按钮，后面的图形对象和与前面对象重叠的部分都被移除，成为一个新的图形对象。新图形仍保留原有的填充和轮廓属性，如图 3-28 所示。

6. 移除前面对象

使用"选择工具"选择两个重叠的对象，执行菜单的"排列"→"造形"→"移除前面对象"命令，也可以单击属性栏中的"移除前面对象"按钮，前面的图形对象和与后面对象重叠的部分都被移除，成为一个新的图形对象。新图形仍保留原有的填充和轮廓属性，如图 3-29 所示。

图 3-28　"移除后面对象"的效果　　　　　图 3-29　"移除前面对象"的效果

7. 造形

执行菜单"排列"→"造形"→"造形"命令，可以打开如图 3-11 所示的"造形"泊坞窗，通过泊坞窗更加方便地对所选对象进行造形。

3.5　透视

利用透视功能，可以将对象调整为透视效果。选择需要设置的图形对象，执行"效果"→"添加透视"命令，在矩形控制框 4 个角的锚点处拖动鼠标，可以调整其透视效果，如图 3-30 所示。

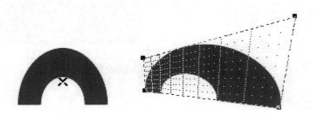

图 3-30　透视效果

3.6　图框精确剪裁

使用"图框精确剪裁"命令，可以将对象 1 放置到对象 2 的内部，从而使对象 1 中超出对象 2 的部分被隐藏。对象 1 作为内容，可以是图形、位图、画面的某些部分等任何对象，而对象 2 必须是矢量图形。执行"效果"→"图框精确剪裁"命令，出现子菜单如图 3-31 所示。

1. 置于图文框内部 🖼

执行"置于图文框内部"命令，可以将某个对象作为内

图 3-31　"图框精确剪裁"子菜单

容，置于另一个矢量图形中。选择某一个对象，执行"效果"→"图框精确剪裁"→"置于图文框内部"命令；当光标变成➡时，再单击要放入的矢量图形，如图 3-32 所示。

图 3-32 "置于图文框内部"的效果

2. 提取内容📇

通过"提取内容"命令，可以将合为一体的图形进行分离。选择合并后的图形，执行"效果"→"图框精确剪裁"→"提取内容"命令或者单击图形下方的"提取内容"按钮📇，内置的对象和外部的图形又分成了两个对象，如图 3-33 所示。

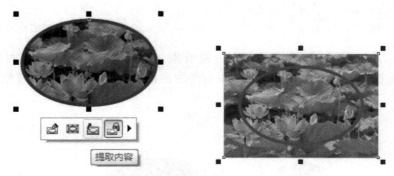

图 3-33 "提取内容"的效果

3. 编辑 PowerClip📇

执行完"置于图文框内部"命令后，如果要对放置在图文框内的对象进行编辑，可以执行"效果"→"图框精确剪裁"→"编辑 PowerClip"命令或者单击图形下方的"编辑 PowerClip"按钮📇，此时可以看到图形变成蓝色的框架，如图 3-34 所示。在这个状态下，可以对内容进行调整或替换。完成后，执行"效果"→"图框精确剪裁"→"结束编辑"命令或者单击图形下方的"停止编辑内容"按钮📺。

图 3-34 "编辑 PowerClip"的效果

案例 8　荷塘月色

 案例描述

运用"转换为曲线"命令形成花瓣与荷叶，灵活运用"变换"泊坞窗和"顺序"命令对花瓣和荷叶进行处理，形成月色下静谧的荷塘效果，如图 3-35 所示。

图 3-35　荷塘月色

 案例解析

在本案例中，需要完成以下操作：

➤ 使用"矩形工具"和"渐变填充工具"绘制夜幕背景；
➤ 使用"椭圆工具"、"形状工具"，通过"转换为曲线"命令绘制出荷叶和荷花瓣；
➤ 运用"变换"泊坞窗中的"缩放和镜像"完成荷塘的绘制；
➤ 运用"顺序"、"群组"命令和"变换"泊坞窗绘制出荷花；
➤ 使用"底纹填充工具"、"矩形工具"、"椭圆形工具"绘制出莲蓬；
➤ 使用"椭圆形工具"和"填充工具"形成月亮。

（1）执行"文件"→"新建"命令，打开"创建新文档"对话框，设置参数如图 3-36 所示，单击"确定"按钮，创建一个名称为"荷塘月色"的新文档。

（2）使用"矩形工具"绘制一个与页面大小一致的矩形，轮廓为"无"。选择"渐变填充工具"，弹出"渐变填充"对话框，设置参数如图 3-37 所示；起点颜色为 C:100 M:91 Y:64 K:41，末点颜色为 C:58 M:0 Y:0 K:0，形成由深蓝到浅蓝渐变的池塘夜幕效果。选中背景矩形，执行"排列"→"锁定对象"命令，使其不会受到以后操作的影响。

（3）选择"椭圆工具"命令，在其属性栏中选择"饼图"，起始角度为"15"，结束角度为"345"，在页面中拖动鼠标，绘制出荷叶大致轮廓。执行菜单"排列"→"转换为曲线"命令，用"形状工具"在荷叶轮廓线上进行调整，形成荷叶的最终轮廓，如图 3-38 所示。

（4）使用"渐变填充工具"对荷叶进行线性渐变填充，起点颜色为 C:93 M:51 Y:100 K:23，末点颜色为 C:49 M:0 Y:68 K:0，轮廓为"无"。复制出一个新荷叶，修改轮廓为 0.2mm，白色。稍微向上移动新荷叶的位置，使荷叶出现立体效果，如图 3-39 所示。选中这两片荷叶，

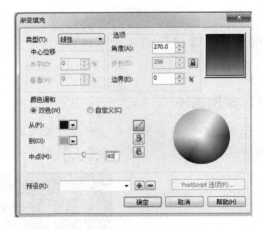

图 3-36 "创建新文档"对话框　　　　　　　　图 3-37 "渐变填充"对话框

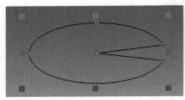

图 3-38 荷叶轮廓的形成　　　　　　　　　图 3-39 荷叶立体效果

执行"排列"→"群组"命令。

（5）执行菜单"排列"→"变换"→"缩放和镜像"命令，弹出"变换"中的"缩放和镜像"泊坞窗，如图 3-40 所示。单击"水平镜像"按钮，设置副本为"1"，并设置合适的大小比例；单击"应用"按钮，形成一个新荷叶。采用同样的方法，形成其他两个荷叶，并调整荷叶的位置，如图 3-41 所示。然后，选中所有荷叶，通过"排列"→"锁定对象"命令锁定所有荷叶。

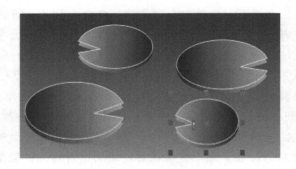

图 3-40 "变换-缩放和镜像"泊坞窗　　　　　图 3-41 最终的荷叶效果

（6）使用"椭圆形工具"在页面中绘制一个椭圆，执行菜单"排列"→"转换为曲线"命令；使用"形状工具"拖动椭圆左端节点，调整其方向线，形成荷花花瓣轮廓，如图 3-42

所示。使用"渐变填充工具"对花瓣进行线性渐变填充，起点颜色为 C:0 M:40 Y:20 K:0，末点颜色为 C:0 M:0 Y:0 K:0，轮廓为 0.2mm，白色。

（7）单击两次花瓣，周围出现弧形箭头时，拖动中心点至花瓣右侧中心位置，如图 3-43 所示。执行菜单"排列"→"变换"→"旋转"命令，弹出"变换"泊坞窗的"旋转"对话框，如图 3-44 所示。设置旋转角度为"-30.0"，副本为"1"，勾选"相对中心"，单击"应用"按钮，复制出另外一片花瓣。采用同样的方法，复制出第 3、4 片花瓣。如图 3-45 所示。

（8）选择第 2 片花瓣，执行菜单"排列"→"顺序"→"置于此对象后"命令，光标成了黑色箭头，单击第 1 片花瓣，就将花瓣 2 放在了花瓣 1 之后。用同样的方法，让花瓣 3 在花瓣 2 之后，花瓣 4 在花瓣 3 之后，如图 3-46 所示。

图 3-42 调整花瓣轮廓

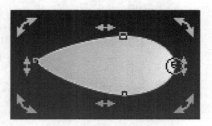

图 3-43 拖动中心点靠右

图 3-44 "变换-旋转"泊坞窗

图 3-45 花瓣复制后

（9）选中花瓣 1、2、3，执行菜单"排列"→"群组"命令；再在"变换"中的"缩放和镜像"泊坞窗中，选择"水平镜像"按钮，设置副本为"1"，大小比例为"100"；单击"应用"按钮，形成对称的 3 片荷花瓣，移动其到合适位置，如图 3-47 所示。

图 3-46 调整花瓣顺序后

图 3-47 复制出对称的 3 片花瓣

（10）选中花瓣4，在"变换"中的"缩放和镜像"泊坞窗中，选择"垂直镜像"按钮，设置副本为"1"，大小比例为"100"，单击"应用"按钮，形成最后一片花瓣；单击鼠标右键，选择"顺序"→"到图层前面"命令，将其置于最上方。然后，移动到合适位置，并调整其大小，如图3-48所示。选中所有花瓣，执行"排列"→"群组"命令，再执行"排列"→"锁定对象"命令锁定所有荷花瓣。

（11）绘制莲蓬。使用矩形工具绘制一个矩形，填充为黄色，轮廓为黑色。再使用椭圆形工具绘制一个与矩形等长的椭圆，使用底纹填充工具进行填充，底纹为"灰泥"，轮廓为黑色，如图3-49所示。选中矩形和椭圆形，执行"排列"→"群组"命令。

图3-48　完成最后一片花瓣

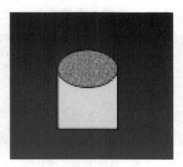

图3-49　莲蓬

（12）执行"排列"→"对所有对象解锁"命令。选中荷花，执行"排列"→"取消全部群组"命令。拖动莲蓬到荷花的中心位置处，调整莲蓬的大小，并通过"排列"→"顺序"→"置于此对象后"命令，将莲蓬置于最后一片花瓣的下方，形成最终的荷花效果，如图3-50所示。

图3-50　最终的荷花效果

（13）选中荷花的所有组成部分，执行"排列"→"群组"命令，形成一个整体。复制出另外两朵荷花，调整三朵荷花的大小和位置。

（14）使用椭圆形工具在页面的右上方绘制一轮满月，填充为黄色，形成最终效果图。

（15）保存文件。

3.7　变换

要精确地变换对象，可以通过"变换"泊坞窗来完成。执行菜单"排列"→"变换"命令或"窗口"→"泊坞窗"→"变换"下的任意子命令，均可打开"变换"泊坞窗，如图3-51

所示。"变换"泊坞窗的顶部有 5 个按钮，分别是"位置" 、"旋转" 、"缩放和镜像" 、"大小" 及"倾斜" ，单击某一按钮，就切换到相应的窗口。下面分别介绍各窗口的组成及使用方法。

1. 位置

通过"变换"泊坞窗的"位置"选项组，可以精确调整对象的位置。"变换"泊坞窗的"位置"选项组，包括"x"与"y"方向的坐标数值框、"相对位置"复选框、移动方位图以及"副本"数值框和"应用"按钮。可在"x"与"y"方向的坐标数值框中输入目标位置的数值。勾选"相对位置"复选框后，会相对于原位置发生"x"或"y"方向上的位移。"移动方位图"中共有 9 个方位：左上、中上、右上、左中、中、右中、左下、中下、右下，选择其中某一方位，即可移动到该方位。"副本"值为 0，只是移动图形；"副本"值大于 1时，会对原图形进行复制。"副本"值设置为 2 时，如图 3-51 所示，单击"应用"按钮，即可得到将对象在"中下"方位上复制两个后的变换效果，如图 3-52 所示。

图 3-51　"变换-位置"泊坞窗

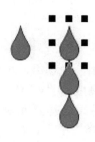

图 3-52　使用"位置"变换的效果

2. 旋转

通过"旋转"选项组，可以将对象按指定的角度旋转，同时可以指定旋转的中心点。"旋转"选项组包括"旋转角度"数值框、"中心"选项组、"相对中心"复选框、旋转方位图、"副本"数值框和"应用"按钮，如图 3-44 所示。绘制一个椭圆形，选中对象；在"变换"泊坞窗中单击"旋转"按钮，打开"旋转"选项组，在"角度"数值框中设定旋转角度为 45 度，在"中心"选项组中设定"x"和"y"数值为 0，勾选"相对中心"，旋转方位为"中"，副本为"1"，单击 3 次"应用"按钮，变换的阶段效果如图 3-53 所示。

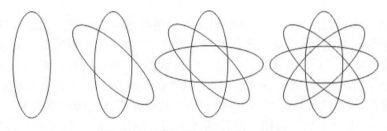

图 3-53　使用 3 次旋转变换的效果图

图形图像处理（CoreIDRAW X6）

3. 缩放和镜像

通过"缩放和镜像"选项组，可以将对象按设定的数值进行放大或缩小，同时可以形成水平或垂直方向上的镜像。"缩放和镜像"选项组包括水平缩放比例"x"数值框、垂直缩放比例"y"数值框、"水平镜像"按钮、"垂直镜像"按钮、"按比例"复选框、方位图、"副本"数值框及"应用"按钮，如图 3-40 所示。如图 3-54 所示，选择要镜像的对象，把缩放数值框中的"x"和"y"值设定为 100%，单击"水平镜像"按钮，方位选择"右中"，副本为"1"，单击"应用"按钮。

图 3-54 使用"缩放和镜像"选项组制作水平镜像效果

4. 大小

通过"大小"选项组，可以指定对象的尺寸。"大小"选项组包括设置对象宽度的"x"值、设置对象高度的"y"值、"按比例"复选框、方位图、"副本"数值框和"应用"按钮，如图 3-55 所示。选择要变换的对象五角星，减小"x"数值框中的值，勾选"按比例"复选框，方位选择"中"，副本值为"1"；单击"应用"按钮，同心五角星便制作完成，如图 3-56 所示。

图 3-55 "变换-大小"泊坞窗

图 3-56 使用"大小"制作的同心五角星效果

5. 倾斜

通过"倾斜"选项组，可以将对象按设定的数值在水平或垂直方向进行倾斜。"倾斜"选项组包括水平倾斜角度"x"值、垂直倾斜角度"y"值、"使用锚点"复选框、位置方位图、"副本"数值框及"应用"按钮。勾选 "使用锚点"复选框后，方可激活位置方位图，如图 3-57 所示。选择圆形对象，在"x"数值框中输入数值45，勾选"使用锚点"复选框，方位选择"中下"，"副本"为1，单击"应用"按钮。再次选择圆形对象，"x"数值框中输入数值–45.0，单击"应用"按钮，对称的倾斜圆形制作完成，效果如图 3-58 所示。

· 86 ·

图 3-57　"变换-倾斜"泊坞窗

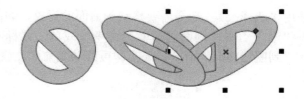

图 3-58　使用"倾斜"选项的效果

6．清除变换

选中变换后的对象，执行菜单"排列"→"清除变换"命令，即可清除对象的变换效果。

3.8　顺序

在 CorelDRAW 中，每一个单独的对象或群组对象都有一个层。在复杂的绘图中，需要很多图形进行组合，通过合理的顺序排列可以表现出层次关系。执行菜单"排列"→"顺序"命令，展开如图 3-59 所示的"顺序"子菜单。

图 3-59　"顺序"子菜单

1．到页面前面

使用"选择工具"选择当前页面中需要移动到前面页面的对象，如图 3-60 所示中第 1 个图的树冠，执行菜单"排列"→"顺序"→"到页面前面"命令，或单击鼠标右键，在弹出的快捷菜单中选择"顺序"→"到页面前面"命令或使用【Ctrl+Home】组合键，树冠即可移动到页面最前面。

2．到页面后面

使用"选择工具"选择当前页面中需要移动到后面页面的对象，如图 3-60 中第 2 个图中的树冠，执行菜单"排列"→"顺序"→"到页面后面"命令，或单击鼠标右键，在弹出的快捷菜单中执行"顺序"→"到页面后面"命令或使用【Ctrl+End】组合键，树冠即可移动到页面最后面。原来在后面的果实和树干都显现出来。

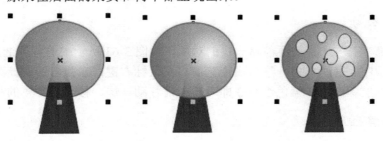

图 3-60　对"树冠"连续执行"到页面前面"和"到页面后面"的命令

3. 到图层前面

使用"选择工具"选择需要移动到前面的对象，如图 3-61 中所示的果实，执行菜单"排列"→"顺序"→"到图层前面"命令，或单击鼠标右键，在弹出的快捷菜单中执行"顺序"→"到图层前面"命令，果实即可移动到前面，成为最前面的图层。

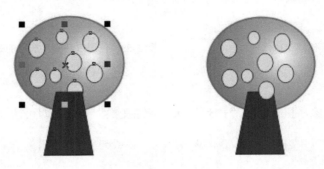

图 3-61　对"果实"执行"到图层前面"的命令

4. 到图层后面

使用"选择工具"选择需要移动到后面的对象，如图 3-62 中所示的树干，执行菜单"排列"→"顺序"→"到图层后面"命令，或单击鼠标右键，在弹出的快捷菜单中执行"顺序"→"到图层后面"命令，树干即可移动到后面，成为最后面的图层。

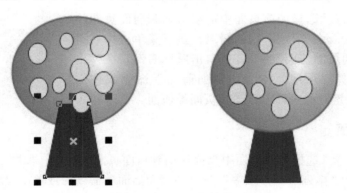

图 3-62　对"树干"执行"到图层后面"的命令

5. 向前一层

使用"选择工具"选择需要前移一层的对象，如图 3-63 所示中的蓝色纸片 3，执行菜单"排列"→"顺序"→"向前一层"命令，或单击鼠标右键，在弹出的快捷菜单中执行"顺序"→"向前一层"命令，蓝色纸片 3 即可被向前移动一层，移至纸片 4 的前面。

6. 向后一层

使用"选择工具"选择需要后移一层的对象，执行菜单"排列"→"顺序"→"向后一层"命令，或单击鼠标右键，在弹出的快捷菜单中执行"顺序"→"向后一层"命令，所选择的对象即可被向后移动一层。

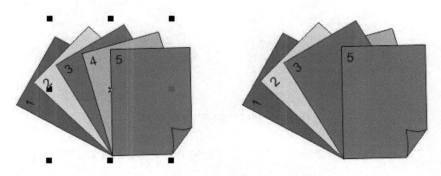

图 3-63 对纸片 3 执行"向前一层"命令后的效果

7. 置于此对象前

使用"置于此对象前"命令，可以使对象快速向前移动至需要的位置。使用"选择工具"选择需要向前移动的对象，执行菜单"排列"→"顺序"→"置于此对象前"命令，或单击鼠标右键，在弹出的快捷菜单中执行"顺序"→"置于此对象前"命令，光标转换为黑色粗箭头状态，移动箭头，单击目标对象，所选对象移动至目标对象前面。如图 3-64 中所示的纸片 2，使用了"置于此对象前"命令，当光标转换为黑色粗箭头状态时，单击前面的纸片 4，其排列位置移动至纸片 4 之前。

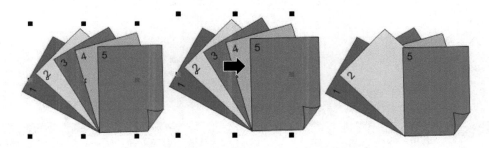

图 3-64 对纸片 2 使用"置于此对象前"命令后的效果

8. 置于此对象后

使用"置于此对象后"命令，可以使对象快速向后移动至需要的位置。使用"选择工具"选择需要向后移动的对象，执行菜单"排列"→"顺序"→"置于此对象后"命令，或单击鼠标右键，在弹出的快捷菜单中执行"顺序"→"置于此对象后"命令，光标转换为黑色粗箭头状态，移动箭头，单击目标对象，所选对象移动至此对象后面。

9. 逆序

图形对象需要以相反的顺序排列时，使用"逆序"命令，可以使对象快速地以相反方向排列。执行菜单"排列"→"顺序"→"逆序"命令，可将多个对象以相反的顺序排列，如

图 3-65 所示。

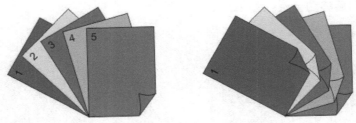

图 3-65　使用"逆序"命令的效果

3.9　锁定对象

　　在绘制复杂的图形时，为避免受到其他对象操作的影响，可以对已经编辑好的对象进行锁定。使用"选择工具"选择需要锁定的对象，执行菜单"排列"→"锁定对象"命令即可。当对象的控制点变成 ⌂ 时，表明对象已经被锁定。如图 3-66 所示，选中花朵执行"锁定"命令，所选取的对象即可被锁定。锁定的对象如需解除锁定时，执行菜单"排列"→"解除锁定"命令即可。

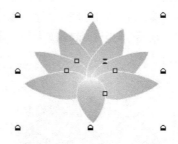

图 3-66　"锁定对象"的效果

3.10　转换为曲线

　　直接使用基本绘图工具（"矩形工具"、"椭圆形工具"等）绘制的图形，不能使用"形状工具"进行自由变换，如图 3-67 所示。执行菜单的"排列"→"转换为曲线"命令，将对象轮廓转换为曲线，可以按照编辑曲线的方法对图形进行编辑，如图 3-68 所示。

图 3-67　不能"转换为曲线"的矩形使用"形状工具"后的效果

 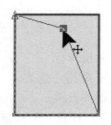 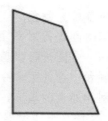

图 3-68 "转换为曲线"的矩形使用"形状工具"后的效果

同样，对文本对象执行"转换为曲线"命令后，可以将文本对象转换为曲线，可以按照编辑曲线的方法对外形进行编辑。

3.11 将轮廓转换为对象

在绘制图形时，经常会强化轮廓线的使用，执行菜单"排列"→"将轮廓转换为对象"命令，可以把轮廓线转换成为图形对象。当轮廓线转换成为图形对象后，能更加方便对象的编辑。如图 3-69 所示，选中矩形，执行"将轮廓转换为对象"命令，矩形的轮廓线即可转换为图形对象，可以对轮廓线使用"形状工具"进行节点编辑。

 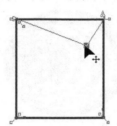 

图 3-69 "将轮廓转换为对象"后使用形状工具的效果

案例 9 五环色美丽图案

 案例描述

巧用椭圆形工具和"缩放和镜像"命令形成同心圆效果，通过修剪和删除操作实现镂空，再通过"合并"命令实现美丽图案，最后复制、填充颜色，制作成如图 3-70 所示的"五环色美丽图案"。

 案例解析

在本案例中，需要完成以下操作：
➢ 使用椭圆形工具和"缩放和镜像"命令绘制 7 个同

图 3-70 五环色美丽图案

心圆并交替填充颜色；

➢ 对 7 个同心圆进行对齐操作；

➢ 对其中的 3 个圆进行修剪和删除操作；

➢ 通过复制和"合并"命令实现一朵花的效果；

➢ 通过复制和颜色的填充，实现最终效果。

（1）执行"文件"→"新建"命令，打开"创建新文档"对话框，创建一个名称为"五环色美丽图案"的新文档。

（2）使用椭圆形工具绘制一个圆形，填充蓝色。执行"排列"→"变换"→"缩放和镜像"命令，以 90%等比例缩小复制出第 2 个圆形，填充黄色。选中第 2 个圆，以 90%等比例缩小复制出第 3 个圆形，填充蓝色。采用同样的方法，依次等比例复制出第 4~7 个圆，并轮流填充黄、蓝两色，如图 3-71 所示。

（3）选中所有圆形，执行"排列"→"对齐和分布"→"右对齐"命令，再执行"排列"→"对齐和分布"→"水平居中对齐"命令，如图 3-72 所示。

（4）先选中次大的圆 2，按住 Shift 键的同时再选中圆 1，单击属性栏中的"修剪"按钮。然后选中圆 2，按 Delete 键删除。采用同样的方式，实现圆 4、圆 6 的修剪与删除，形成镂空效果，如图 3-73 所示。

图 3-71　形成 7 个圆　　　　图 3-72　实现 7 个圆的对齐　　　　图 3-73　修剪后的效果

（5）选中所有的圆，执行"排列"→"群组"命令，形成一个整体图案；再把该图案进行复制，形成 4 个。通过改变位置和对齐命令，形成如图 3-74 所示的效果。

（6）选中所有对象，执行"排列"→"取消全部群组"命令，再执行"排列"→"合并"命令，形成如图 3-75 所示的效果图。

图 3-74　复制后的图案　　　　　　图 3-75　执行"合并"命令后的图案

（7）选中所有对象，复制出另外 4 个图案，依次填充黑色、红色、黄色、绿色，调整好每个图案的大小、位置，形成最终效果图。最后，保存文件。

3.12 合并

"合并"功能是指多个不同的对象合并成一个新的对象，不再具有原始的属性。使用"选择工具" 选择需要合并的对象，执行菜单的"排列"→"合并"命令，也可以单击属性栏中的"合并"按钮 或使用【Ctrl+L】组合键，将所选取的对象合并成为一个新对象，如图 3-76 所示。合并后的对象原属性也随之改变，可以运用"形状工具" 调整节点。

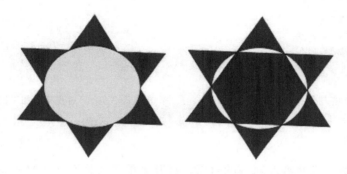

图 3-76 星形与椭圆形"合并"后的效果

3.13 拆分

对合并后的对象，可以通过执行菜单的"排列"→"拆分"命令，也可以单击属性栏中的"拆分"按钮 或使用【Ctrl+K】组合键，来取消对象的合并。但是，拆分后不一定能恢复成原来的属性。如图 3-77 所示，将红色复杂星形与黄色圆形合并后的图形执行"拆分"命令后，变成了两个三角形和一个圆形；并且，圆形是红色，不再是黄色。

图 3-77 将"合并"后的图形进行"拆分"

3.14 对齐与分布

绘制一幅比较复杂的作品时，对象的排列顺序会极大地影响画面效果。"对齐与分布"

命令，可以使对象与对象、对象与页面及对象与网格之间以各种方式对齐。

使用"对齐与分布"命令，可以直接执行"排列"→"对齐与分布"子菜单中的相应命令，如图 3-78 所示；也可以执行菜单"排列"→"对齐与分布"→"对齐与分布"命令，打开"对齐与分布"泊坞窗，如图 3-79 所示。

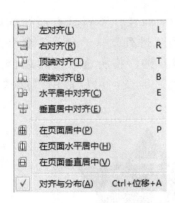

图 3-78 "对齐与分布"子菜单　　　　　　　图 3-79 "对齐与分布"泊坞窗

1. 左对齐

使用"选择工具"选择要左对齐的对象，打开菜单"排列"→"对齐与分布"子菜单，执行"左对齐"命令，对象以最先创建的对象为基准进行左侧对齐，如图 3-80 所示。

2. 右对齐

使用"选择工具"选择要右对齐的对象，打开菜单的"排列"→"对齐与分布"子菜单，执行"右对齐"命令，对象以最先创建的对象为基准进行右侧对齐，如图 3-81 所示。

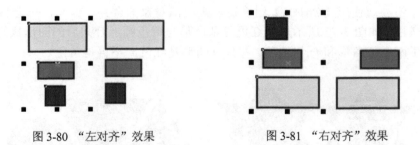

图 3-80 "左对齐"效果　　　　　　　图 3-81 "右对齐"效果

3. 顶端对齐

使用"选择工具"选择要顶端对齐的对象，打开菜单的"排列"→"对齐与分布"子菜单，执行"顶端对齐"命令，对象以最先创建的对象为基准进行顶端对齐，如图 3-82 所示。

4. 底端对齐

使用"选择工具"选择要底端对齐的对象，打开菜单的"排列"→"对齐与分布"子菜单，执行"底端对齐"命令，对象以最先创建的对象为基准进行底端对齐，如图3-83所示。

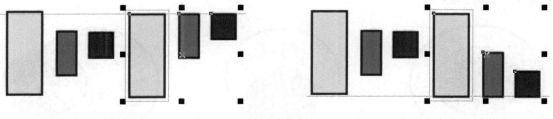

图3-82 "顶端对齐"的效果　　　　　　图3-83 "底端对齐"的效果

5. 水平居中对齐

使用"选择工具"选择要水平居中对齐的对象，打开菜单的"排列"→"对齐与分布"子菜单，执行"水平居中对齐"命令，对象以最先创建的对象为基准进行水平居中对齐，如图3-84所示。

6. 垂直居中对齐

使用"选择工具"选择要垂直居中对齐的对象，打开菜单的"排列"→"对齐与分布"子菜单，执行"垂直居中对齐"命令，对象以最先创建的对象为基准进行垂直居中对齐，如图3-85所示。

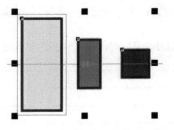　　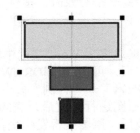

图3-84 "水平居中对齐"的效果　　　　　图3-85 "垂直居中对齐"的效果

7. 在页面居中

使用"选择工具"选择要在页面居中对齐的对象，打开菜单的"排列"→"对齐与分布"子菜单，执行"在页面居中"命令，对象以最先创建的对象为基准在页面居中对齐，如图3-86所示。

8. 在页面水平居中

使用"选择工具"选择要在页面水平居中对齐的对象，打开菜单的"排列"→"对齐与分布"子菜单，执行"在页面水平居中"命令，对象以最先创建的对象为基准在页面水平居中对齐，如图3-87所示。

9. 在页面垂直居中

使用"选择工具"选择要在页面垂直居中对齐的对象，打开菜单的"排列"→"对齐与分布"子菜单，执行"在页面垂直居中"命令，对象以最先创建的对象为基准在页面垂直居中对齐，如图 3-88 所示。

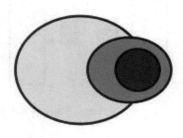

图 3-86 "在页面居中"的效果　　　图 3-87 "在页面水平居中"的效果　　　图 3-88 "在页面垂直居中"的效果

 思考与实训 3

一、填空题

1．使用"选择工具"选择多个对象时，按住＿＿＿＿＿＿键单击要选择的每个对象；选择群组中的一个对象时，按住＿＿＿＿＿＿键单击群组中的对象；选择被其他对象遮掩的对象时，按住＿＿＿＿＿＿键单击最顶端的对象一次或多次，直到被遮掩的对象周围出现选择框为止。

2．如果想将某 Word 文档中的内容复制到 CorelDRAW 文件中，可在 Word 文档中执行完复制操作后，再在 CorelDRAW 页面中，执行菜单＿＿＿＿＿＿＿＿＿＿＿＿命令。

3．"编辑"→"再制"命令的组合键是＿＿＿＿＿＿＿＿＿＿＿＿。

4．对原图进行修改后，克隆图是否发生变化＿＿＿＿＿＿＿＿＿＿＿＿。对克隆图进行修改后，原图是否发生变化＿＿＿＿＿＿＿＿＿＿＿＿＿＿。

5．"复制属性自"命令的作用是＿＿＿＿＿＿＿＿＿＿＿＿＿＿＿＿＿。

6．在"步长和重复"泊坞窗中，可以分别对＿＿＿＿＿＿＿、＿＿＿＿＿＿和进行设置，然后单击"应用"按钮。

7．"群组"命令对应的组合键是＿＿＿＿＿＿＿＿＿＿＿＿；"取消群组"命令对应的组合键是＿＿＿＿＿＿＿＿＿＿＿。

8．当选中两个或两个以上对象时，属性栏随之显示"造形"命令所有按钮，这些按钮从左到右依次是＿＿＿＿＿＿＿＿＿＿＿＿＿＿＿＿＿＿。

9．执行菜单＿＿＿＿＿＿＿＿＿＿命令，可以将两个图形对象之间重叠的部分创建一个新对象，新的图形对象保留后选择对象的填充和轮廓属性。

10．执行＿＿＿＿＿＿＿＿＿＿＿＿命令，可以将某个对象作为内容，置于另一个矢量图形中。

11．"变换"泊坞窗的顶部有 5 个按钮，分别是＿＿＿＿＿＿＿＿＿、＿＿＿＿＿＿＿、＿＿＿＿＿＿＿、＿＿＿＿＿＿＿及＿＿＿＿＿＿＿；单击某一按钮，可切换到相应的窗口。

12．选中变换后的对象，执行菜单＿＿＿＿＿＿＿＿＿＿＿命令，即可清除对象的变换效果。

13．每一个单独的对象或群组对象都有一个层，执行菜单＿＿＿＿＿＿＿＿＿＿＿＿命令，可以使对象快速向前移动至某层之前。

14．执行菜单＿＿＿＿＿＿＿＿＿＿＿＿＿＿＿＿＿＿＿命令，可以将矩形对象轮廓转换为曲线，然后便可按照编辑曲线的方法对图形进行编辑。

15．"合并"命令与"群组"命令的区别：＿＿＿＿＿＿＿＿＿＿＿＿＿＿＿＿＿＿。

16．使用"选择工具"选择要右对齐的对象，打开菜单的"排列"→"对齐与分布"子菜单，执行"右对齐"命令，对象以＿＿＿＿＿＿为基准进行右侧对齐。

二、上机实训

1．使用手绘工具和"顺序"命令绘制如图 3-89 所示的"草原风光"效果。

图 3-89　"草原风光"效果

2．使用"转换为曲线"、"对齐与分布"命令及复制等操作，制作如图 3-90 所示的"吃豆人"效果。

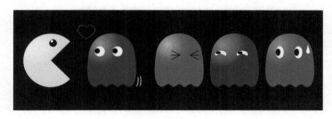

图 3-90　"吃豆人"效果

3．使用"排列"中的"顺序"、"变换"、"群组"及"转换为曲线"等命令，绘制如图 3-91 所示的"海边"效果。

图 3-91　"海边"效果

4. 使用"造形"和"变换"功能实现如图 3-92 所示的"可爱花纹"效果。

5. 使用"转换为曲线"命令及"合并"功能实现如图 3-93 所示的"装饰花儿"效果。

图 3-92 "可爱花纹"效果

图 3-93 "装饰花儿"效果

交互式工具组的使用

在 CorelDRAW 中，"交互式工具组"是进行高级图形设计与创作的重要组件。利用各种"交互式工具"，可以创建丰富的效果，制作出精美而生动的作品。"交互式工具组"主要包括调和 、轮廓图 、变形 、阴影 、封套 、立体化 和透明度 7 个工具，如图 4-1 所示。

图 4-1 交互式工具组

4.1 调和工具

"调和工具" 用于在两个对象之间产生过渡的效果，包括直线调和、路径调和及复合调和 3 种形式，属性栏的设置如图 4-2 所示。

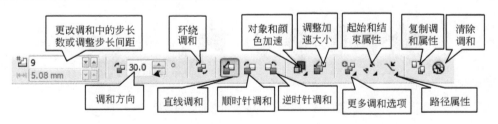

图 4-2 "调和工具"属性栏

1. 直线调和

"直线调和"是最简单的调和方式，显示形状和大小从一个对象到另一个对象的渐变。中间对象的轮廓和填充颜色在色谱中沿直线路径渐变，其中，轮廓显示厚度和形状的渐变。通过属性栏的设置可以编辑调和对象，如调和旋转角度、增删调和中的过渡对象、改变过渡对象的颜色和改变调和对象的形状。"直线调和"的效果如图 4-3 所示。

图 4-3 "直线调和"的效果

➤ 更改调和中的步长数或调整步长间距

通过更改调和中的步长数或调整步长间距可增删调和过程中的过渡对象。图 4-4 所示为"步长"分别为 3 和 9 时的调和效果。

图 4-4 "步长"分别为 3 和 9 时的调和效果

➤ 调和方向

可以改变调和对象的旋转角度。图 4-5 所示为"调和方向"分别为 60 度和 180 度时的调和效果。

图 4-5 "调和方向"分别为 60 度和 180 度时的调和效果

➤ 环绕调和

将环绕效果应用到调和。图 4-6 所示为"调和方向"为 60 度时，应用"环绕调和"前后的效果。

图 4-6 应用"环绕调和"前后的效果

➤ 调和对象的颜色调整

通过调整"顺时针调和"、"逆时针调和"及"对象和颜色加速"，可以改变过渡对象的颜色，如图 4-7 所示。

图 4-7 "顺时针调和"和"逆时针调和"的不同效果

> ➤ **调和对象的大小和颜色调整**

通过调整"对象和颜色加速" 🔲、"调整加速大小" 🔲 及"更多调和选项" 🔲可改变调和的颜色、形状和大小，调整对象及颜色加速大小的不同效果如图4-8所示。

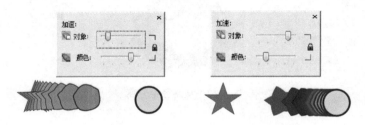

图4-8 调整对象及颜色的加速大小的不同效果

也可以通过"更多调和选项" 🔲中的"拆分"按钮🔲，来改变调和对象的形状，如图4-9所示。

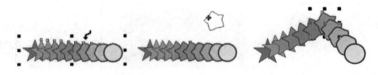

图4-9 拆分调和对象

2. 路径调和

路径调和是指调和对象沿路径产生的过渡效果。单击调和工具属性栏中的路径属性 🔲，执行"新路径"命令，光标变成 ✔ 形状，把它移到刚创建的路径上单击，可以让对象沿新路径排列，如图4-10所示。

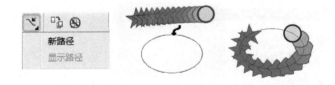

图4-10 执行"新路径"命令后的效果

单击"更多调和选项"，勾选"沿全路径调和"，可以使调和对象均匀地按路径进行排列，效果如图4-11所示。

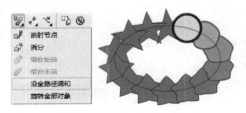

图4-11 沿全路径调和

单击“路径属性”，执行“从路径中分离”命令，可以使调和对象从当前路径中分离出来，效果如图 4-12 所示。

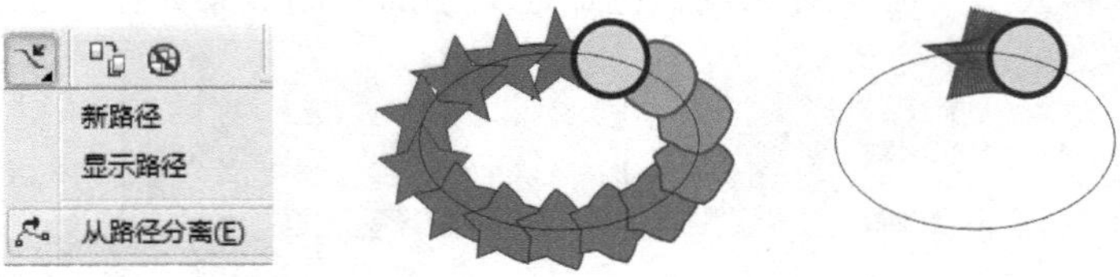

图 4-12　从路径中分离

3. 复合调和

复合调和是指由两个或者两个以上相互连接的调和所组成的调和，也可以在现有调和对象的基础上继续添加一个或多个对象，创建出复合的调和效果，效果如图 4-13 所示。

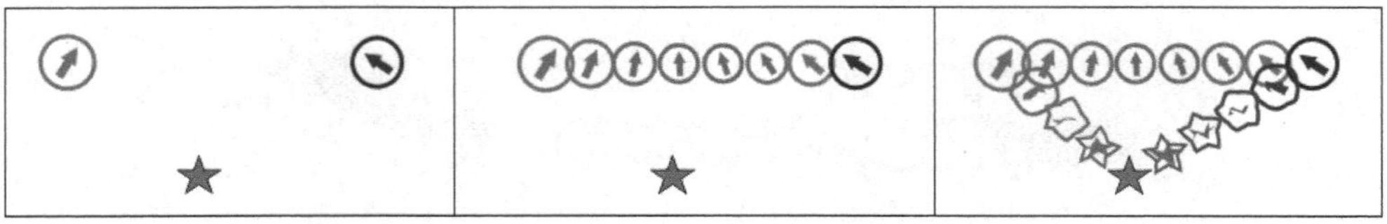

图 4-13　复合调和

4. 分离与清除调和

分离调和可以将选中的调和效果过渡对象分割成为独立的对象，并可以使该对象和其他的对象再次建立调和。如图 4-14 所示，执行菜单“排列”→“拆分 6 元素的复合对象”命令，将调和对象进行分离；分离后的图形，可以用选择工具选中进行其他操作。

图 4-14　拆分调和群组

单击属性栏中的“清除调和”，可清除对象的调和效果，只保留起端对象和末端对象，如图 4-15 所示。

图 4-15　清除调和

4.2　透明度工具

在 CorelDRAW 中，"透明度工具" 主要用来给对象添加均匀、渐变、图案和材质等透明效果。应用"透明度工具"可以很好地表现对象的质感，增强对象的效果。该工具不仅可以用于矢量图形，还可以用于文本和位图图像。同时可以通过设置属性栏和手动两种方法调整对象的透明效果，如图 4-16 所示。

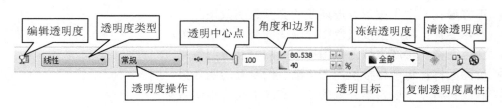

图 4-16　"透明度工具"属性栏

1. 编辑透明度

单击"编辑透明度"按钮 ，可以打开透明度编辑窗口，进行对象透明度的调整。选择"标准"类型，打开的"均匀透明度"对话框如图 4-17 所示。

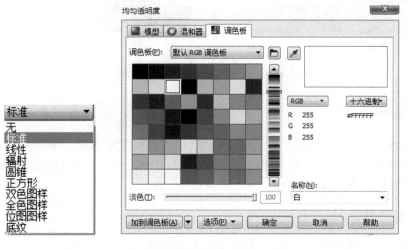

图 4-17　"均匀透明度"对话框

2. 透明度类型

应用透明度时，可以选择以下透明度类型。部分效果如图 4-18 所示。

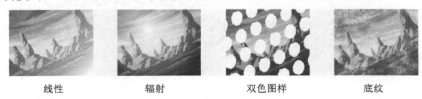

线性　　　　辐射　　　　双色图样　　　　底纹

图 4-18　4 种不同类型的"透明"效果

- ➢ **无**：选择该项后，交互式透明效果将被取消。
- ➢ **标准**：选择该项后，对象的整个部分将应用相同设置的交互式透明效果。
- ➢ **线性**：在对象上产生沿交互直线方向渐变的透明效果。
- ➢ **辐射**：将产生一系列的同心圆的渐变交互透明效果。
- ➢ **圆锥**：将产生按圆锥渐变的交互透明效果。
- ➢ **正方形**：将产生按正方形渐变的交互透明效果。
- ➢ **双色图样**：将产生按双色图样渐变的交互透明效果。
- ➢ **全色图样**：将产生按全色图样渐变的交互透明效果。
- ➢ **位图图样**：将产生按位图图样渐变的交互透明效果。
- ➢ **底纹**：将产生以自然外观的随机底纹的交互透明效果。

3. 透明度操作

该选项用于设置透明对象与下层对象进行叠加的模式。选择不同的效果名称，可以呈现不同的效果。分别选择"正常"、"底纹化"、"反显"和"红色"时的不同效果，如图 4-19 所示。

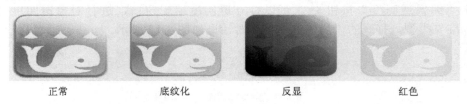

正常　　　　底纹化　　　　反显　　　　红色

图 4-19　不同类型的"透明"效果

4. 透明度中心

拖动"透明度中心"滑杆 ▶□□□◀ 或在"透明度中心"文本框内输入数值，可以调整透明度的中心点位置。如图 4-20 所示，当值为 0 时，中心点在最左边；当值为 50 时，中心点在对象中心；当值为 100 时，中心点在最右边。

5. 角度和边界

该选项用于设置渐变滑杆在填充对象上的角度和长短值。"角度"越大，渐变滑杆旋转角度越大；"边界"越小，渐变滑杆越长，效果如图 4-21 所示。

图 4-20 不同的"透明度中心"效果

图 4-21 不同的"边界"效果

6. 透明目标

该选项用于设置对象透明效果的范围。透明目标选项主要包括"填充"、"轮廓"和"全部"3 种。"填充"只能对对象的内部填充范围应用透明度效果，"轮廓"只能对对象的轮廓范围应用透明度效果，"全部"可以对整个对象应用透明度效果，如图 4-22 所示。

图 4-22 不同的"透明目标"效果

7. 冻结透明度

该选项用于冻结对象的当前视图的透明度，这样即使对象发生移动，视图也不会变化。

8. 复制透明度属性

该选项用于将文档中另一个对象的透明度属性应用到所选对象上。

9. 清除透明度

单击"清除透明度"按钮🔲，可以将对象的透明度效果清除。

案例 10 绘制彩虹

 案例描述

在 CorelDRAW 中使用"调和工具"绘制彩虹，并与背景自然融合，效果如图 4-23 所示。

图 4-23 "彩虹"效果

案例解析

在本案例中，需要完成以下操作：

➢ 使用"椭圆形工具"绘制同心圆；

➢ 使用"调和工具"和"透明度工具"绘制彩虹；

➢ 使用"透明度工具"合成背景。

（1）启动 CorelDRAW，新建一个宽 210mm，高 297mm 的页面。

（2）使用"椭圆形工具"绘制两个同心圆，设置轮廓笔宽度为 1.5mm，轮廓线的颜色分别为红色和洋红，如图 4-24 所示。

（3）选择"调和工具"，拖动鼠标从一个圆至另一个圆，调和效果如图 4-25 所示。

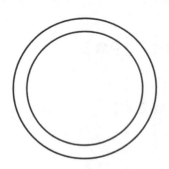

图 4-24 绘制两个同心圆

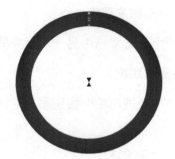

图 4-25 调和效果

（4）在"调和工具"面板选项中，选择"逆时针调和"，步长数为 30，调和效果如图 4-26 所示。

（5）选择"透明度工具"，在调和好的圆上拖动，效果如图 4-27 所示。

图 4-26 "逆时针调和"效果

图 4-27 "透明"效果

（6）导入素材文件，"蓝天"叠放于"草地"上面，如图 4-28 所示。

（7）选择"透明度工具" ，在"蓝天"与"草地"交界处拖动，效果如图 4-29 所示。

（8）将彩虹放在背景中，效果如图 4-30 所示。

图 4-28　叠放背景图片

图 4-29　"透明度"效果

图 4-30　加入彩虹效果

4.3　变形工具

在 CorelDRAW 中，使用"变形工具" 可以对被选中的对象进行各种变形效果处理，主要有"推拉变形"、"拉链变形"和"扭曲变形"3 种变形效果，可以通过调整属性栏参数进行修改，如图 4-31 所示。

图 4-31　"变形工具"属性栏

1．推拉变形

"推拉变形"可以推进对象的边缘或拉出对象的边缘。通过调整"推拉振幅"的数值来进行变形，也可以拖动变形控制线上的控制点来调整变形的失真振幅，变形效果如图 4-32 所示。

图 4-32 "推拉变形"效果

2. 拉链变形

"拉链变形"将锯齿效果应用于对象的边缘，可以通过设置属性栏中的"拉链振幅"和"拉链频率"的数值进行调整，如图 4-33 所示。

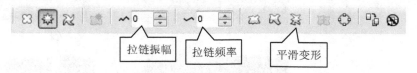

图 4-33 "拉链变形工具"属性栏

分别选择"随机变形"、"平滑变形"和"局限变形"，会使对象的轮廓产生不同的变形效果，如图 4-34 所示。对象变形后，还可以通过改变变形中心来改变效果。

图 4-34 "随机变形"、"平滑变形"和"局限变形"效果

3. 扭曲变形

"扭曲变形"可以使对象围绕自身旋转，形成如图 4-35 所示的螺旋效果；同时，可以通过改变属性栏中的"完整旋转"和"附加度数"的数值来改变图形的扭曲程度。

图 4-35 "扭曲变形"效果

4．清除变形

"清除变形"可以清除对象最近应用的变形。选择需要清除变形的图形，单击属性栏中的"清除变形"按钮 ，对象即恢复到变形前的状态，如图 4-36 所示。经过多次变形的图形需要多次单击"清除变形"按钮，使对象恢复到初始的状态。

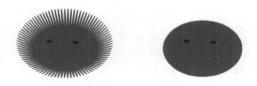

图 4-36　清除变形

4.4　轮廓图工具

在 CorelDRAW 中，轮廓图的效果与调和相似，主要用于单个图形的中心轮廓线，形成以图形为中心渐变产生的一种放射层次效果。轮廓图的方式包括"到中心"、"内部轮廓"、"外部轮廓"3 种形式，"轮廓图工具" 属性栏如图 4-37 所示。

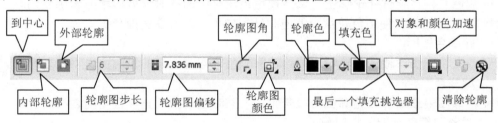

图 4-37　"轮廓图工具"属性栏

1．到中心

单击此按钮，轮廓图将会形成由图形边缘向中心放射的轮廓图效果，不能调整轮廓图的步数，轮廓图步数将根据所设置的轮廓偏移量自动地进行调整，如图 4-38 所示。

2．内部轮廓

单击此按钮，轮廓图将会形成由图形边缘向内部放射的轮廓图效果，在这种方式下，可以调整轮廓图步数和轮廓图的偏移量，效果如图 4-39 所示。

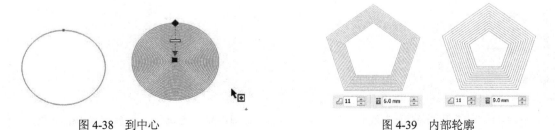

图 4-38　到中心　　　　　　　　　　　图 4-39　内部轮廓

3. 外部轮廓

单击此按钮，轮廓图将会形成由图形边缘向外部放射的轮廓图效果，可以调整轮廓图步数和轮廓图的偏移量，效果如图 4-40 所示。

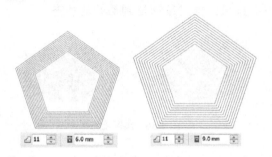

图 4-40　外部轮廓

➢ "轮廓图颜色"

用于设置轮廓图颜色渐变序列，包括"线性轮廓色"（使用直线颜色渐变的方式填充轮廓图的颜色）、"顺时针轮廓色"（使用色轮盘中的顺时针方向填充轮廓图的颜色）及"逆时针轮廓色"（使用色轮盘中的逆时针方向填充轮廓图的颜色）。

➢ "轮廓色"

用于改变轮廓图中最后一轮轮廓图的轮廓颜色，同时过渡的轮廓色也将随之改变。

➢ "填充色"

改变轮廓图中最后一轮轮廓图的填充颜色，同时过渡的填充色也将随之改变。

➢ "对象和颜色加速"按钮

调整轮廓图的形状与颜色从第一个对象向最后一个对象变换时的速度，效果如图 4-41 所示。

4. 分离与清除轮廓图

选择需要分离的轮廓图形，执行菜单"排列"→"拆分轮廓图群组"命令，可以将轮廓图对象分离。分离后的轮廓图，可以用选择工具选中进行其他操作。单击属性栏中的"清除轮廓"，则清除对象的调和效果，只保留调和前的对象。"分离"与"清除"轮廓的效果如图 4-42 所示。

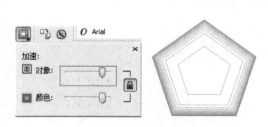

图 4-41　"对象和颜色加速"效果

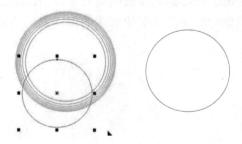

图 4-42　"分离"与"清除"轮廓的效果

4.5　阴影工具

在 CorelDRAW 中，可以使用"阴影工具" ，使对象产生阴影效果，从而让对象获得较强的立体感。创建阴影效果后，若对创建的阴影效果不满意，可以通过改变属性栏的设置来调整阴影的效果，如图 4-43 所示。

图 4-43　"阴影工具"属性栏

1.　阴影偏移

该选项用来设置阴影与图形之间偏移的距离。"正值"表示向上或向右偏移，"负值"表示向下或向左偏移。注意要先在对象上创建对象的阴影效果后，才能对此选项进行操作。不同偏移量对应的效果如图 4-44 所示。

图 4-44　不同的"阴影偏移"效果

2.　阴影角度

该选项用来设置对象与阴影之间的透视角度。在对象上创建了透视的阴影效果后，该选项才能使用，设置"阴影角度"为 40 的效果如图 4-45 所示。

3.　阴影不透明度

该选项用来设置阴影的不透明程度。数值越大，透明度越小，阴影的颜色越深；数值越小，透明度越大，阴影的颜色越浅。两种不同的阴影透明效果如图 4-46 所示。

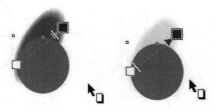

图 4-45　设置"阴影角度"为 40 的效果　　　　图 4-46　两种不同的阴影透明效果

4. 阴影羽化

该选项用来设置阴影的羽化程度，使阴影产生不同程度的边缘柔和效果，不同的阴影羽化效果如图 4-47 所示。

图 4-47　不同的阴影羽化效果

5. 阴影羽化方向

该选项用来控制阴影羽化的方向。"阴影羽化方向"有"向内"、"中间"、"向外"和"平均"四种类型，不同的羽化效果如图 4-48 所示。

图 4-48　四种"阴影羽化方向"的对比效果

6. 复制阴影效果属性

该选项用于文档中另一种阴影属性应用到所选的对象。

7. 分离与清除阴影

该选项用于将对象和阴影分离成两个相互独立的对象，分离后的对象和阴影仍保持原有颜色和状态不变。选择阴影对象，执行菜单"排列"→"拆分阴影群组"命令，即可将对象与阴影分离。使用"选择工具"移动对象或阴影，可以清楚地看到分离后的效果，如图 4-49 所示。

图 4-49　分离阴影效果

选择整个阴影对象，单击属性栏中的"清除阴影"按钮，可取消阴影。

案例 11　花儿开放

 案例描述

在 CorelDRAW 中使用"变形工具"、"调和工具"绘制花朵和绿叶，制作如图 4-50 所示"花儿开放"的效果。

图 4-50　"花儿开放"的效果

案例解析

在本案例中，需要完成以下操作：

➢ 使用"变形工具"和"调和工具"绘制不同形态的花朵；

➢ 使用"变形工具"绘制不同形态的绿叶；

➢ 使用"调和工具"绘制叶茎；

➢ 使用"轮廓工具"和"阴影工具"设置文字效果。

（1）启动 CorelDRAW，新建一个宽 297mm、高 297mm 的页面。

（2）用椭圆工具绘制一个椭圆，同时按下 Ctrl 键，强制椭圆为正圆形。在圆形处于被选择的状态下，按下属性栏中的"转换为曲线"按钮 ⚙，将圆形转换为曲线状态。使用选择工具，单击鼠标右键并将这个对象拖动到一旁，创建一个副本，作为后面变形时的参照模板。

（3）选择圆形曲线的原件，按 F11 打开"填充"对话框，在填充类型中选择"辐射"，将颜色调和由默认的双色改变为自定义模式，改变自定义填充的选项：将左端颜色设为"白色"，右端颜色设为"洋红"，在 65％的位置上双击新增一个颜色标签，将颜色也改为"洋红"，如图 4-51 所示。确定应用填充后，移除对象的轮廓属性。

（4）选择"变形"工具，在属性栏中选择"拉链变形"模式。将"拉链振幅"和"拉链频率"分别设为 17 和 4，单击"平滑变形"按钮，则会在圆形的边缘上增加一点轻微的波浪效果，如图 4-52 所示。

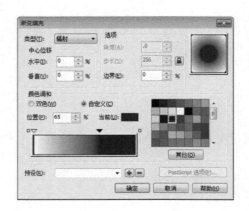

图 4-51　渐变填充圆形

（5）选择变形后的图形对象，使用选择工具向对象中心拖动角控点，同时按下 Shift 键，单击鼠标右键创建副本。在这里，Shift 键的作用保证按比例缩放对象。重复这个过程创建 8 个副本，填满花朵中心区域，然后随机地轻微旋转对象副本来偏移它们，初步形成如图 4-53 所示的花朵造型。将所有对象选中，复制一份副本留存。

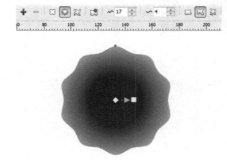

图 4-52　拉链变形效果　　　　　　　　图 4-53　初步形成花朵造型

（6）选定最初建立的圆形参照模板，选择变形工具的"拉链变形"模式，单击"随机变形"按钮，将"振幅"和"频率"分别设为 30 和 5，按下回车键进行变形，如图 4-54 所示。然后选择"推拉变形"模式，将变形振幅值设为 30，确定后，完成变形效果如图 4-55 所示。

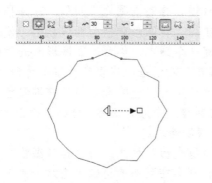

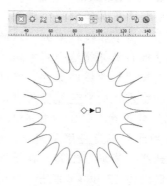

图 4-54　"拉链变形"效果　　　　　　　图 4-55　"推拉变形"效果

（7）制作第一种花朵形态：切换到选择工具，拖动鼠标框选花朵造型中的所有对象，再次选择"变形工具"，单击属性栏中的"复制变形属性"按钮 🔲，在标示指针出现后，单击变形处理后的圆形模板。变形效果会复制到每个被选择的花朵对象上，呈现出简单的花朵形状，如图4-56所示。

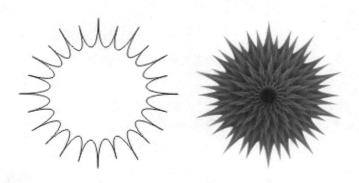

图4-56　复制变形属性到花朵造型

（8）开始制作第二种花朵形态：使用变形工具，选择圆形模板，单击属性栏中的"清除变形"按钮 🔘 两次，清除对象的变形效果。先使用"推拉变形"模式，设"振幅"为5，再应用"拉链变形"模式，单击"随机"和"平滑"按钮，设"振幅"为100，"频率"为20，完成变形模板如图4-57所示。

（9）使用"选择工具"框选操作（5）中花朵造型的副本，如图4-58所示，按F11键打开"填充"对话框，改变自定义填充选项如下：左端颜色为红色，右端颜色为黄色，在40%的位置上新增一个颜色标签，颜色为黄色，确定后关闭对话框。

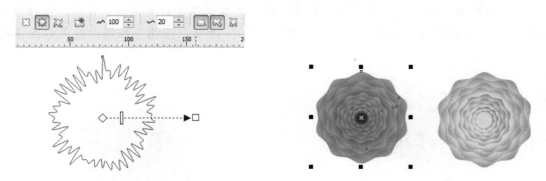

图4-57　完成变形模板的制作　　　　　　　图4-58　改变花朵造型的填充色

（10）选中填充后的花朵造型，使用"复制变形属性"按钮，用标示指针单击第8步中所制的圆形变形模板，随后会出现一个警告框，单击"确定"按钮后等待变形效果生成，如图4-59所示。

（11）制作第三种花朵形态：使用"多边形工具"绘制16边形，如图4-60所示，使用变形工具，选择"推拉变形"模式，设"振幅"为-50，用黄色填充对象，去除轮廓属性，对象变为花朵形状。

图 4-59　复制变形属性到花朵造型

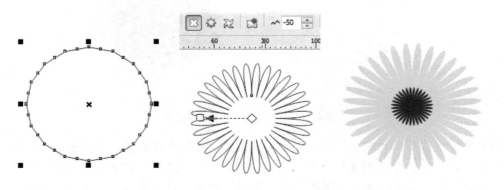

图 4-60　制作第三种花朵形态

（12）使用选择工具，按下 Shift 键的同时向内拖动形状的任一个角控点，直至轮廓为原形状大小的 10% 左右，单击鼠标右键，创建一个对象副本，用红色填充，如图 4-61 所示。

（13）切换到"调和"工具，在黄色花瓣和红色花蕊两个对象间拖动鼠标，创建默认的调和效果。使用属性栏选项，将调和步数设为 20，单击"应用"按钮，效果如图 4-62 所示。

图 4-61　制作花瓣

图 4-62　调和花瓣

（14）使用椭圆工具创建一个细长椭圆形，并将它转换为曲线（【Ctrl+Q】组合键），如图 4-63 所示，使用形状工具，选择曲线顶部的节点，单击属性栏中的"转换为线条"按钮，将这个节点连接的左边曲线转换为直线；选择第二个节点，采用同样的方法将顶点右边的曲线转换为直线。这样，椭圆曲线转换为水滴状对象。

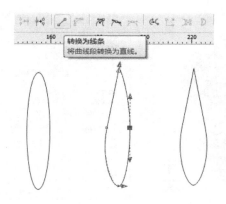

图4-63　制作水滴状对象

（15）填充对象为深绿至浅绿的渐变色，并去除轮廓颜色。如图4-64所示，选择"变形"工具，选择"拉链变形"模式。将振幅和频率分别设为50和30，创建第一次变形效果。为了控制叶片边缘锯齿的方向，将交互式的菱形方块由对象中部移动到顶部，这样绝大部分锯齿都会向上。通过更改变形的振幅和频率选项，或是调节对象的高度和宽度，可以创建更多变化的叶片。

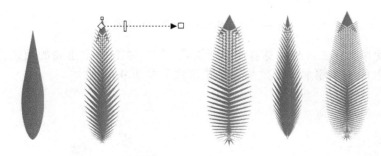

图4-64　制作锯齿状绿叶

（16）制作植物的茎：创建一条路径，设置轮廓宽度为10mm，轮廓颜色为深绿色，复制一个副本，改变这条副本路径的轮廓宽度为1mm，并将线条颜色设为浅绿色。将细线条放置于粗线条之上，选择"调和工具"，将步长值设为5，调和出植物茎部的明暗效果，如图4-65所示。

图4-65　制作植物的茎

（17）将花朵和茎叶组合在一起，用"文本工具"输入文字"花儿开放"，并填充渐变色如图4-66所示。

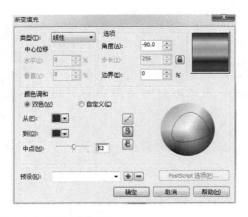

图 4-66　输入文字并填充渐变色

（18）选中文字，在工具栏中选择"轮廓工具" ，单击"内轮廓"按钮，"轮廓图步长"为 1，"轮廓图偏移"为 2.54mm，"轮廓色"及"填充色"均为黄色，为输入文字添加内轮廓效果，如图 4-67 所示。

图 4-67　为输入文字添加内轮廓效果

（19）选中文字，在工具栏中选择"阴影工具" ，在窗口左上角的预设列表中选择"透视右上"，为输入的文字添加阴影效果，设置及效果如图 4-68 所示。

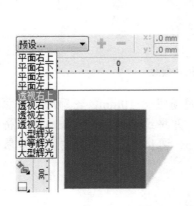

图 4-68　为文字添加阴影效果

4.6　封套工具

在 CorelDRAW 中，"封套工具" 为对象（包括线条、美术字和段落文本框）提供了一系列的造型效果，通过调整封套的造型，可以改变对象的外观。封套效果不仅应用于单个图形对象、文本，也可以用于多个群组后的图形和文本对象。

1．编辑封套效果

封套由多个节点组成，可以移动这些节点为封套造型，从而改变对象形状，也可以应用符合对象形状的基本封套或应用预设的封套。应用封套后，可以对它进行编辑，或添加新的封套来继续改变对象的形状，CorelDRAW 还允许复制和移除封套。"封套工具"属性栏如图 4-69 所示。

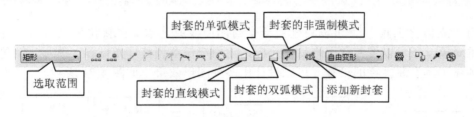

图 4-69 "封套工具"属性栏

> **封套的直线模式**▢
移动封套控制点时，可以保持封套的边线为直线段。
> **封套的单弧模式**▢
移动封套控制点时，封套的边线将变为单弧线。
> **封套的双弧模式**▢
移动封套控制点时，封套的边线将变为 S 形弧线。
> **封套的非强制模式**▨
创建任意形式的封套，允许改变节点的属性以及添加和删除节点。
> **添加新封套**▨
应用该模式后，蓝色的封套编辑框将恢复为未进行任何编辑时的状态，而应用了封套效果的图形对象仍会保持封套效果，不同的"封套"模式如图 4-70 所示。

图 4-70 不同的"封套"模式

2．添加和删除控制节点

> 直接在封套线上需要添加节点的地方双击，可添加控制节点；
> 在封套线上需要添加节点的地方单击鼠标右键，在快捷菜单中选择"添加"命令，可添加控制节点；
> 在封套线上需要添加节点的地方单击鼠标右键，再单击属性栏上的"添加节点"按钮▨，可添加控制节点；

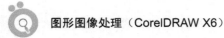

➤ 在封套线上需要删除的节点上单击鼠标右键，在快捷菜单中执行"删除"命令，可删除控制节点；

➤ 在封套线上单击需要删除的节点，再单击属性栏上的"删除节点"按钮⚬⚬⚬，可删除控制节点。

4.7 立体化工具

利用"立体化工具"📦可以将任何一个封闭曲线或艺术文字转化为立体的具有透视效果的三维对象，还可以像专业三维软件一样，让用户任意调整灯光设置、色彩、倒角等。通过"立体化工具"属性栏的设置，可以设计出多种图形效果，如图 4-71 所示。

图 4-71　"立体化工具"属性栏

1. 立体化类型

在 CorelDRAW 中，共有 6 种立体化类型，各自的效果如图 4-72 所示。

2. 深度

可以用来控制立体化效果的纵深度，数值越大，深度越深。图 4-73 所示为深度分别为 20 和 40 时的立体化效果。

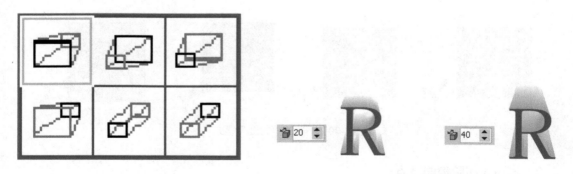

图 4-72　立体化类型　　　　　　　　图 4-73　不同的立体化深度效果

3. 灭点坐标

灭点坐标是立体化效果之后在对象上出现的箭头指示的坐标。用户可以在属性栏中的文本框中输入数值来决定灭点坐标，效果如图 4-74 所示。

图 4-74　灭点坐标

4．灭点属性

➢ **"灭点锁定到对象"**

立体化效果中灭点的默认属性，指将灭点锁定在对象上。

➢ **"灭点锁定到页面"**

当移动对象时，灭点的位置保持不变，对象的立体化效果随之改变。

➢ **"复制灭点，自…"**

选择该选项后，鼠标的状态发生改变，可以将立体化对象的灭点复制到另一个立体化对象上。

➢ **"共享灭点"**

选择该选项后，单击其他立体化对象，可以使多个对象共同使用一个灭点，如图 4-75 所示。

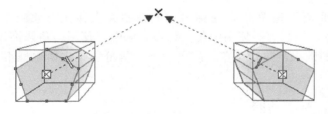

图 4-75　"共享灭点"

5．立体化旋转

用于改变立体化效果的角度。单击"立体化旋转"按钮，在弹出面板的圆形范围内，拖动"+"形透视手柄，立体化对象的效果会随之发生改变；也可以单击面板中的"旋转值"按钮，输入旋转值，改变立体化效果的角度，如图 4-76 所示。

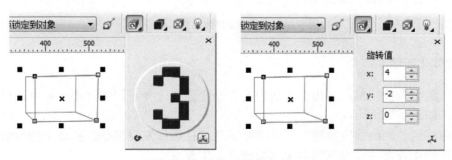

图 4-76　设置"立体化旋转"

6. 立体化颜色

单击"立体化颜色"按钮，可以设置立体化效果的颜色。在弹出的"颜色"面板中，有 3 个功能按钮，分别为"使用对象填充"、"使用纯色"和"使用递减的颜色"，如图 4-77 所示。

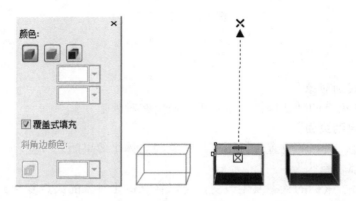

图 4-77　设置"立体化颜色"

7. 立体化倾斜

单击"立体化倾斜"按钮，在弹出的面板中为立体化对象应用"斜角修饰边"效果，如图 4-78 所示，依次为不使用斜角修饰边、选中"使用斜角修饰边"和"只显示斜角修饰边"复选框后的效果。执行菜单"排列"→"拆分斜角立体化群组"命令，可以将立体化对象进行拆分。

图 4-78　设置"立体化斜角修饰边"

8. 立体化照明

单击"照明"按钮，弹出的面板中有 3 个光源，选择不同的光源，可以调整立体化的灯光效果，如图 4-79 所示。

将鼠标移到"光线强度预览"圆球的数字上按住鼠标左键拖动，圆球上的数值位置会发生改变，立体化效果的灯光照明效果也会随之发生改变。

图 4-79　"立体化照明"效果

9. 清除立体化

单击"清除立体化"按钮 ⊚，可以将对象的立体化效果清除。

案例 12　热带风情

案例描述

在 CorelDRAW 中对人物图像进行抠图，使用"立体化"、"封套"、"调和工具"等工具绘制标志及文字，制作如图 4-80 所示的"热带风情"海报效果。

图 4-80　"热带风情"海报效果

案例解析

在本案例中，需要完成以下操作：
➢ 使用"位图颜色遮罩"实现人物抠像；
➢ 使用"矩形工具"和"轮廓图工具"制作画框；

> 使用"文体化工具"设置立体文字；
> 使用"调和工具"和"封套工具"制作标志。

（1）启动 CorelDRAW，新建一个宽 297mm，高 210mm 的页面。

（2）导入背景素材"背景.jpg"，调整至与页面大小相同。

（3）导入人物素材"人物.jpg"，执行"位图"→"位图颜色遮罩"命令，在"位图颜色遮罩"泊坞窗中用吸管选取需要隐藏的颜色，如图 4-81 所示。单击"应用"按钮，调整人物大小和位置，效果如图 4-82 所示。

图 4-81　人物抠像　　　　　　　　　　图 4-82　人物与背景合成效果

（4）使用"矩形工具"绘制矩形，设置轮廓笔颜色为黄色，宽度为 2mm，左旋 20 度。使用"轮廓图"工具 ，选择"外部轮廓"模式，设置"轮廓图步长"为 6，"轮廓图偏移"为 0.5mm，"轮廓色"为"秋橘红"，"填充色"为"红褐"，设置如图 4-83 左图所示。复制并缩小矩形摆放在背景左侧，效果如图 4-83 右图所示。

图 4-83　轮廓图效果

（5）使用"文本工具"输入文字"热带风情"，字体为"微软雅黑"，字号为"72"。

（6）选择"立体化"工具，执行"预设"→"立体左上"命令，调整灭点位置如图 4-84 所示。

（7）单击"立体化倾斜"按钮，在展开的对话框中勾选"使用斜角修饰边"，设置斜角修饰边深度为 3.0mm，斜角修饰边角度为 50.0°，如图 4-85 所示。

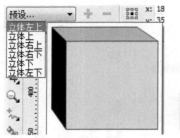 

图 4-84 为文字设置立体化效果

（8）单击"立体化颜色"按钮，在展开的对话框中选择"使用递减的颜色"模式，设置颜色从"红"到"黄"，斜角边颜色为"宝石红"，如图 4-86 所示。

（9）单击"立体化照明"按钮，在展开的对话框中选择光源 1，强度为 68，设置如图 4-87 所示。

图 4-85 设置立体化倾斜 　　图 4-86 设置立体化颜色 　　图 4-87 设置立体化照明

（10）将立体化文字摆放在背景的左上角，调整大小，效果如图 4-88 所示。

图 4-88 立体化文字效果

（11）制作标志：使用矩形工具绘制 3 个正方形，如图 4-89 所示，使用"调和工具"分别对上下及左右两个正方形进行调和。

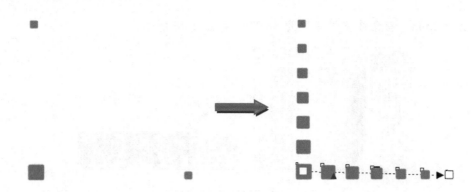

图 4-89　分别对两组正方形进行调和

（12）选择调和对象，取消全部群组，继续调和对角的正方形，如图 4-90 所示。

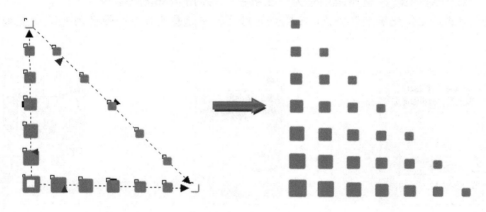

图 4-90　继续调和对角的正方形

（13）使用"封套"工具调整调和后的图形群组，添加文字完成标志制作，如图 4-91 所示。

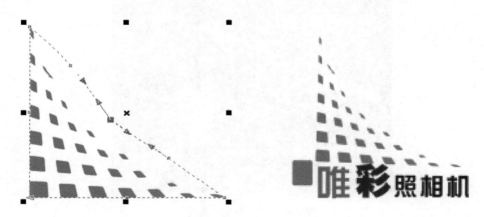

图 4-91　封套并添加文字

（14）将标志摆放在背景左下角，效果如图 4-92 所示。

图 4-92 加入标志的效果

 思考与实训 4

一、填空题

1．"交互式工具组"包括_____、_____、_____、_____、_____、_____、_____ 7 个工具。

2．在 CorelDRAW 中，封套效果不仅可以应用于单个图形对象和文本，也可以应用于_____的图形和文本对象。

3．"调和工具"用于在两个对象之间产生过渡的效果，包括_____、_____、_____ 3 种形式。"路径调和"中单击_____，选中"沿全路径调和"，可以使调和对象均匀地按路径进行排列。

4．在 CorelDRAW 中，"轮廓图"的效果与调和相似，主要用于单个图形的中心轮廓线，形成以图形为中心渐变产生的边缘效果。轮廓图的方式包括_____、_____、_____ 3 种形式。

5．在 CorelDRAW 中，使用"变形工具"可以对被选中的对象进行各种变形效果处理，主要有_____、_____、_____ 3 种变形效果，可以通过调整属性栏参数的设置进行修改。

6．"拉链变形"将锯齿效果应用于对象的边缘，可以通过设置属性栏中的_____和_____的数值进行调整。

7．"阴影工具"中的阴影偏移是用来设置阴影与图形之间偏移的距离。_____表示向上或向右偏移，_____表示向下或向左偏移。

二、上机实训

1．运用"调和工具"、"轮廓图工具"、"图框精确剪裁"等工具绘制如图 4-93 所示的少儿活动标志。

图 4-93 "少儿活动标志"效果

提示

➤ 通过"调和工具"生成各种颜色的花朵，设置"沿全路径调和"生成花朵背景；

➤ 运用"轮廓图工具"生成同心五角星，运用"变形"工具实现扭曲效果；

➤ 运用"图框精确剪裁"将背景置入圆形，使用"阴影工具"表现层次感；

2. 运用"透明度工具"和"阴影工具"绘制如图 4-94 所示的"表情按钮"。

图 4-94 "表情按钮"效果

提示

➤ 用"透明度"工具绘制按钮，用"阴影工具"绘制阴影，表现其质感；

➤ 用"造型"工具的"修剪"和"相交"功能表现每个按钮的表情，用"形状工具"进行调整。

模块五

位图、文本和表格的处理

案例 13 我运动，我快乐

 案例描述

　　将位图文件"运动女孩.jpg"、"打篮球.psd"、"打羽毛球.jpg"、"滑板.jpg"、"踢足球.psd"进行编辑、合成，形成 "运动快乐"效果图，如图 5-1 所示。

图 5-1 "运动快乐"效果

 案例解析

　　在本案例中，需要完成以下操作：

➢ 使用"矩形工具"、"椭圆形工具"、"手绘工具"、"填充工具"依次绘制背景、彩虹及层叠起伏的云层；

> 使用"编辑位图"命令，在 Corel PHOTO-PAINT 窗口中对位图进行编辑；
> 运用"描摹位图"命令，将位图转换为矢量图形，在 CorelDRAW 中对其进行编辑；
> 运用"转换成位图"命令，将矢量图形转换成位图；
> 为画面中的位图添加艺术效果。

（1）执行"文件"→"新建"命令，打开"创建新文档"对话框，设置版面为"横向"，创建一个名称为"运动快乐"的新文档。

（2）使用"矩形工具" 绘制一个矩形作为背景。选中刚绘制的矩形，单击"渐变填充"工具按钮，弹出"渐变填充"对话框，设置"角度"为"−90.0"，起始颜色为"黄色"，结束色为"白色"，"中点"为"20"，参数设置如图 5-2 所示。

（3）使用"椭圆形工具" 绘制一个正圆形，无轮廓，填充为红色（C:0 M:100 Y:100 K:0），再使用"矩形工具"在圆形下端绘制一个矩形。同时选中圆形与矩形，单击属性栏中的"移除前面对象"按钮 ，将圆形下端移除，形成大半圆效果，如图 5-3 所示。

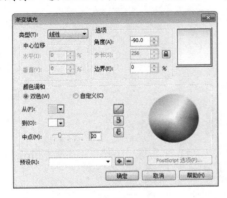

图 5-2 "渐变填充"对话框

图 5-3 大半圆效果

（4）选中大半圆，执行"排列"→"变换"→"缩放和镜像"命令，在弹出的"变换"泊坞窗中，设置缩放百分比为"90.0%"，"方位"为"中下"，"副本"为"1"，如图 5-4 所示。单击"应用"按钮，复制出一个新图形，将其填充为橘红色（C:0 M:60 Y:100 K:0）。

（5）采用同样的办法，再复制出另外两个大半圆，分别为其填充黄色（C:0 M:0 Y:100 K:0）、白色（C:0 M:0 Y:0 K:0），形成最终的"彩虹"效果，如图 5-5 所示。

图 5-4 "变换"泊坞窗

图 5-5 "彩虹"效果

（6）使用"手绘工具" 在彩虹的前方，绘制出起伏的云层效果，并填充红色（C:0 M:100 Y:100 K:0）。然后，再使用"椭圆形工具"，在起伏的边缘附近绘制大小不同的红色圆形，得到的效果如图5-6左图所示。

（7）采用同样的方法，再绘制4个云层，分别填充橘红色（C:0 M:60 Y:100 K:0）、黄色（C:0 M:0 Y:100 K:0）、草绿色（C:40 M:0 Y:100 K:0）、绿色（C:100 M:0 Y:100 K:0），错落叠放，最终效果如图5-6右图所示。

图5-6　天边云层的实现过程

（8）执行菜单"文件"→"导入"命令，选择素材"运动女孩.jpg"，将其导入。选中导入后的位图，单击属性栏中的"编辑位图"按钮，弹出 Corel PHOTO-PAINT 窗口，如图5-7所示。

图5-7　Corel PHOTO-PAINT 窗口

（9）选择工具箱中的"魔棒遮罩工具"，在其属性栏中设置大小合适的"容限"值，单击位图文件的白色背景处，出现蚁行线。然后，执行菜单"遮罩"→"反显"命令，将女孩选中。关闭 Corel PHOTO-PAINT 窗口，弹出"是否保存更改"对话框，选择"是"，完成对运动女孩的抠图，如图 5-8 所示。

图 5-8　使用"遮罩工具"实现对女孩的抠图

（10）使用同样的方法，导入素材"打羽毛球.jpg"，并实现对"打羽毛球"中人物的抠图。之后，调整位置及大小，如图 5-1 所示。

（11）执行菜单"文件"→"导入"命令，选择素材"打篮球.psd"，将其导入。调整位置及大小，如图 5-1 所示。

（12）导入素材"滑板.jpg"，选中刚导入的位图"滑板"，执行菜单"位图"→"快速描摹"命令，将位图转换为矢量图，如图 5-9 所示。

图 5-9　使用"快速描摹"将位图转换为矢量图

（13）选中转换后的矢量图，执行菜单"排列"→"取消群组"命令。选中背景部分，按 Delete 键删除，只剩下人物主体，如图 5-10 所示。全部选中滑板人物主体的各个部分，进行群组。

（14）单击"渐变填充"按钮▇，在弹出的"渐变填充"窗口中，设置"类型"为"线性"，"角度"为"90"，起始色为黄色，结束色为白色，单击"确定"按钮，最终效果如图 5-10 所示。

图 5-10　将描摹后的滑板人物进行渐变填充

（15）导入素材"踢足球.psd"，重复第（12）、（13）步，用处理"滑板"的方法对"踢足球"进行处理。最后对"踢足球"进行填充，填充为深灰色（C:0 M:0 Y:0 K:100）。

（16）选择红色、橘红色、黄色三道彩虹，进行群组。执行菜单"位图"→"转换成位图"命令，将矢量图转换成位图。执行菜单"位图"→"模糊"→"放射状模糊"命令，弹出"放射状模糊"对话框，如图 5-11 所示，调整数量为"20"，得到如图 5-1 所示的彩虹效果。

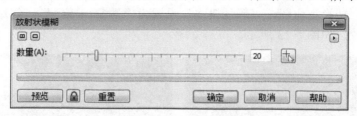

图 5-11 "放射状模糊"对话框

（17）在画面右上方输入文字"我运动，我快乐"，字体为"楷体"，大小为"48pt"，轮廓线为 1.5mm，轮廓色为绿色（C:100 M:0 Y:100 K:0）。保存文件。

5.1 位图与矢量图的转换

1. 矢量图转换为位图

选择要转换为位图的矢量图，执行菜单"位图"→"转换为位图"命令，弹出"转换为位图"对话框。在该对话框中，进行相应的设置，如图 5-12 所示。最后单击"确定"按钮，完成矢量图到位图的转换。转换成位图后，可以进行位图的相应操作，但无法进行矢量编辑。

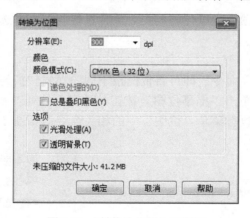

图 5-12 "转换为位图"对话框

（1）分辨率

用于设置对象转换成位图后的清晰程度，可以在分辨率下拉列表中选择分辨率数值，也可以在文本框中直接输入需要的数值。数值越大，图像越清晰。数值越小，图像越模糊。

（2）颜色模式

用于设置位图的颜色显示模式，包括"黑白（1 位）"、"16 色（4 位）"、"灰度（8

位）"、"调色板色（8 位）"、"RGB 色（24 位）"、"CMYK 色（32 位）"。颜色位数越多，颜色越丰富。

（3）递色处理的

该复选框在可使用颜色位数少时被激活，如 8 位或更少。勾选该选项后，转换后的位图会以模拟的颜色块来丰富颜色效果。不勾选时，转换的位图仅以选择的颜色模式显示。将矢量图"荷塘月色"转换为位图，"颜色模式"设置为"黑白（1 位）"，勾选"递色处理的"与不勾选进行比较，如图 5-13 所示。

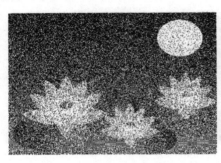

图 5-13　勾选"递色处理的"的效果与不勾选的效果

（4）总是叠印黑色

"总是叠印黑色"复选框在"CMYK 色"模式下被激活。勾选该选项，可以在印刷时避免套版不准和露白现象。

（5）光滑处理

"光滑处理"使转换的位图边缘平滑，去除边缘锯齿。

（6）透明背景

勾选"透明背景"选项，可以使转换的对象背景透明。不勾选时，显示白色背景。

2. 位图转换成矢量图

通过执行"描摹位图"命令，即可将位图按不同的模式转换为矢量图。选择要转换为矢量图的位图，在属性栏中单击"描摹位图"按钮，弹出下拉列表，如图 5-14 所示，从中选择某种描摹方式。或者，执行菜单"位图"中的相关命令，如图 5-15 所示。

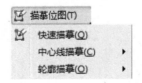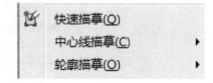

图 5-14　属性栏中"描摹位图"下拉列表　　　　　图 5-15　"位图"菜单中的相关命令

（1）快速描摹

使用"快速描摹"命令，可以实现一键描摹，快速完成位图到矢量图的转换。选中位图，执行菜单"位图"→"快速描摹"命令，或者执行属性栏"描摹位图"下拉菜单中的"快速描摹"命令，即可把位图转换成矢量图。这时，所有的对象群组为一个整体。因此，执行"取消群组"命令后，就可以重新调整每个色块的形状和颜色，也可以删除某一部分，如图 5-16 所示。

图 5-16　"快速描摹"位图并删除部分色块

（2）中心线描摹

"中心线描摹"使用未填充的封闭和开放曲线来描摹位图，用于技术图解、线描画和拼版等。中心线描摹方式包括"技术图解"和"线条画"。

选中位图对象，执行菜单"位图"→"中心线描摹"→"技术图解/线条画"命令或者执行属性栏"描摹位图"下拉菜单中"中心线描摹"中的任一命令，弹出"PowerTRACE"对话框，如图 5-17 所示。在"PowerTRACE"对话框中设置相应参数，然后在预览视图上查看调节效果，单击"确定"按钮，完成描摹。

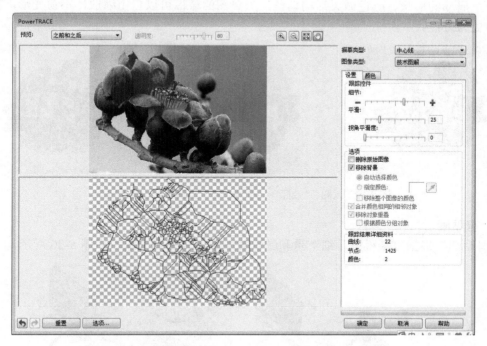

图 5-17　"PowerTRACE"对话框

（3）轮廓描摹

"轮廓描摹"又称"填充描摹"，使用无轮廓的曲线色块来描摹图像，它有以下 6 种描摹方式：线条图、徽标、详细徽标、剪贴画、低品质图像和高品质图像。

➤ 线条图

"线条图"用于突出描摹对象的轮廓效果。选中位图对象，执行菜单"位图"→"轮廓描摹"→"线条图"命令或者单击属性栏"描摹位图"下拉菜单中"轮廓描摹"中的"线条图"命令，弹出"PowerTRACE"对话框，在对话框中设置相应参数，单击"确定"按钮，完成描摹，如图 5-18 所示。

图 5-18　原图与"线条图"描摹效果

➤ 徽标、详细徽标

"徽标"描摹主要描摹细节和颜色较少的简单徽标；"详细徽标"描摹主要描摹包含精细细节和许多颜色的徽标。如图 5-19 所示，把位图的徽标转换为矢量图的徽标，这样可以对每一个局部的形状、颜色做灵活的调整，矢量图的徽标可以自由缩放，不易变形，在实际应用中更为方便。

图 5-19　原图、"徽标"描摹效果和"详细徽标"描摹效果

➤ 剪贴画

"剪贴画"根据复杂程度、细节量和颜色数的不同来描摹对象，如图 5-20 所示。

图 5-20　原图和"剪贴画"描摹效果

> ➤ **低品质图像、高品质图像**

"低品质图像"用于描摹细节不足的图片，或者需要忽略细节的图片。"高品质图像"用于描摹高质量、超精细的图片，如图 5-21 所示。

图 5-21 "低品质图像"与"高品质图像"描摹对比效果

5.2 图像调整

1. 自动调整

通过检测最亮的区域和最暗的区域，自动调整每个色调的校正范围，自动校正图像的对比度和颜色。在某些情况下，只需使用此命令就能改善图像质量。选择要调整的位图，执行菜单"位图"→"自动调整"命令。

2. 图像调整实验室

在"图像调整实验室"中可以更加准确、精细地调整校正位图的颜色和色调。执行菜单"位图"→"图像调整实验室"命令，弹出如图 5-22 所示的"图像调整实验室"对话框。

图 5-22 "图像调整实验室"对话框

（1）"选择白点"工具 与"选择黑点"工具

使用"选择白点"工具单击图像中最亮的区域，可以调整对比度。使用"选择黑点"工具单击图像中最暗的区域，可以调整对比度。分别使用"选择白点"工具和"选择黑点"工具单击人物额头处，调整后的效果如图 5-23 所示。

图 5-23　分别使用"选择白点"工具和"选择黑点"工具单击额头后的对比效果

（2）"温度"模块

"温度"模块通过调整图像中颜色的暖冷来实现颜色转换，从而补偿拍摄相片时的照明条件。例如，在室内昏暗的白炽灯照明条件下拍摄相片，略显黄色，可以将温度滑块向蓝色的一端移动，以校正图像偏色。

（3）"淡色"滑块

"淡色"滑块通过调整图像中的绿色或品红色来校正颜色，可以通过将淡色滑块向右侧移动来添加绿色，将滑块向左侧移动来添加品红色。调整"温度"滑块后，可以通过移动"淡色"滑块对图像进行微调。

（4）"饱和度"滑块

"饱和度"滑块用于调整颜色的鲜明程度。将滑块向右侧移动，可以提高图像的鲜明程度，将滑块向左侧移动，可以降低颜色的鲜明程度。该滑块移动到最左端，可以移除图像中的所有颜色，从而创建黑白相片效果。

（5）"亮度"滑块

"亮度"滑块用于调整整幅图像的明暗度。向右滑动，图像越明亮。向左滑动，图像越暗。可校正因拍摄时光线太强（曝光过度）或光线太弱（曝光不足）导致的曝光问题。

（6）"对比度"滑块

"对比度"滑块用于增加或减少图像中暗色区域和明亮区域之间的色调差异。向右移动滑块，可以使明亮区域更亮，暗色区域更暗。如果图像呈现暗灰色调，可以通过提高对比度使细节鲜明化。

（7）"高光"滑块

"高光"滑块用于调整图像中最亮区域的亮度。如果使用闪光灯拍摄相片，闪光灯会使前景主题褪色，可以向左侧移动"高光"滑块，使图像的退色区域变暗。

（8）"阴影"滑块

"阴影"滑块用于调整图像中最暗区域的亮度。拍摄相片时相片主题后面的亮光（逆光），可能会导致该主题显示在阴影中，可以通过向右侧移动"阴影"滑块，使暗色区域显示更多细节，从而校正相片。

（9）"中间色调"滑块

"中间色调"滑块用于调整图像内中间范围色调的亮度，丰富图像层次。调整高光和阴影后，可以使用"中间色调"滑块对图像进行微调。

（10）创建快照

可以随时在"快照"中捕获校正后的图像版本，快照的缩略图出现在窗口中的图像下方。通过快照，可以方便地比较校正后的不同图像版本，进而选择最佳图像。

5.3　矫正图像

使用"矫正图像"功能，可以很方便地对画面内容有倾斜的位图进行裁切处理，得到端正的图像效果。选中位图后，执行菜单"位图"→"矫正图像"命令，即打开"矫正图像"对话框，如图 5-24 所示。

图 5-24　"矫正图像"对话框

（1）"旋转图像"选项

拖动滑块或直接输入数值，图像就能以顺时针或逆时针方向旋转，预览窗口中将自动显示旋转后可以最大限度裁切的范围。

（2）"裁剪图像"复选框

勾选"裁剪图像"选项，单击"确定"按钮对图像执行裁剪。

（3）"裁剪并重新取样为原始大小"复选框

勾选"裁剪并重新取样为原始大小"选项，可以使图像在被裁剪后，自动放大到与原图相同的尺寸。不勾选该选项，则只能保留被裁剪后剩余的图像大小。

（4）"网格"选项

通过"网格"选项可以在颜色面板中设置参考网格的颜色。拖动滑块，可以对网格的疏密做调整。

图 5-25 所示为图像矫正前后的对比效果。

图 5-25　图像矫正前后的对比效果

5.4　编辑位图

选中要编辑的位图对象，单击属性栏中的"编辑位图"命令按钮，或者执行菜单"位图"→"编辑位图"命令，打开"Corel PHOTO-PAINT"窗口，如图 5-7 所示。在该窗口中，可以对位图进行一些常规处理和艺术化处理。编辑完成后，关闭该窗口，即可将编辑好的位图转回 CorelDRAW 进行使用。下面介绍"Corel PHOTO-PAINT"窗口中的主要工具。

1. 遮罩工具组

遮罩工具组包括"矩形遮罩工具"、"椭圆形遮罩工具"、"手绘遮罩工具"、"圈选遮罩工具"、"磁性遮罩工具"、"魔棒遮罩工具"和"笔刷遮罩工具"。

（1）矩形和椭圆形遮罩工具 ▫ ◯

选择矩形或椭圆形遮罩工具，按住鼠标左键，在画面上拖出需要的矩形和椭圆形遮罩选区。如取消遮罩选区，在遮罩选区外单击鼠标左键，也可以执行菜单"遮罩"→"移除"命令。

（2）手绘遮罩工具 ◯

选择"手绘遮罩工具"，使用时按住鼠标左键，在画面上画出需要的遮罩选区，在结尾处双击鼠标左键。

（3）圈选遮罩工具 ◯

选择"圈选遮罩工具"，在画面上选择一个起始点，单击鼠标左键，移动鼠标，在图形转折处再单击鼠标左键，回到起始点，双击鼠标左键，形成新遮罩选区，如图 5-26 所示，为圈选篮球的过程。

图 5-26　　圈选篮球的过程

（4）磁性遮罩工具

"磁性遮罩工具"会自动识别图形边界，用于处理色彩分明或明暗色差较大的位图。色差小的位图，边界不易识别，不宜选用磁性遮罩工具。选择"磁性遮罩工具"，选择一个起始点，单击鼠标左键，沿图形边线移动鼠标，在图形转折处及磁性遮罩工具不易识别的地方单击鼠标左键，继续移动鼠标回到起始点，双击鼠标左键，形成新的遮罩选区。

（5）魔棒遮罩工具

"魔棒遮罩工具"是遮罩工具组的重点，用于选择某些相近的颜色，创建遮罩选区。在需要选择的区域直接单击鼠标左键，如果需要选择多个区域，可按住 Shift 键继续单击。属性栏中的"容限"用于调整相邻像素之间的颜色相似性或色度级别，容限越大，魔棒的选择区越大；反之，魔棒的选择区越小。

（6）笔刷遮罩工具

选择"笔刷遮罩工具"，按住鼠标左键，在画面上拖动画出遮罩选区，如图 5-27 所示。可在属性栏调整笔刷的大小、形状的数值。

图 5-27　"笔刷遮罩工具"的使用及效果

2．裁剪工具

裁剪位图时按住鼠标左键在画面上拖动，到达预定位置时松开鼠标，双击裁剪区，即可完成裁剪。选择裁剪区域后，还可以对四个角和四边的控制点进行调整，以做到精确裁剪。

3．滴管工具

"滴管工具"可以对图像中的颜色进行取样。为前景色取样，可单击所需的颜色，前景色色样显示取样的颜色。为背景色取样，可按住 Ctrl 键，同时单击所需的颜色，背景色色样显示取样的颜色。

4. 橡皮擦工具

选择"橡皮擦工具"，按住鼠标左键在图像中拖动，即可实现擦除。擦除的颜色为背景色，改变背景色，擦除的底色随之改变，如图 5-28 所示。如果想实现水平擦除或垂直擦除，可按住 Ctrl 键的同时拖动左键。按住 Shift 键的同时，在窗口中上下拖动鼠标，可以调整笔尖的大小。在属性栏中，可以更为精确地调整橡皮擦大小、形状、透明度、羽化值等。

图 5-28　背景色分别为白色和绿色时的"橡皮擦"擦除效果

5. 文本工具

使用"文本工具"，可从属性栏中选择字体、高度等选项，在图像窗口中单击鼠标左键，出现光标后键入相应文本。

6. 去除红眼工具组

去除红眼工具组包括"去除红眼工具"、"克隆工具"、"润色笔刷工具"。

（1）去除红眼工具

当相机闪光灯的光线反射到人物的眼睛时，便会产生红眼。选择"去除红眼工具"，在属性栏中的"大小"框中设置数值，使笔刷大小与红眼大小匹配，单击红眼区域，即可将红色去除。

（2）克隆工具

可以将图像中的像素从一个区域复制到另一个区域，覆盖图像中的受损元素或不需要的元素。

进行克隆时，图像窗口显示两个笔刷："源点笔刷"和"克隆笔刷"，有十字线指针的是源点笔刷。首先，单击被复制的源对象，出现带有十字的圆形笔刷，表示设置好了源点笔刷。然后，在要复制的位置处单击并拖动鼠标，出现圆形的克隆笔刷，随着鼠标移动，"源点笔刷"同步取样，最后完成克隆，如图 5-29 所示。

图 5-29　克隆工具的使用

（3）润色笔刷工具

通过调和颜色移除图像中的瑕疵。在属性栏"大小"框中键入一个值来指定笔尖大小，从"浓度"框中选择一个值来设置笔刷颜色的浓度，在需要润色的地方单击鼠标即可。

7. 绘画工具组

绘画工具组包括"绘制工具"、"效果工具"、"图像喷涂工具"、"撤销笔刷工具"、"替换颜色笔刷工具"。下面将重点介绍前 3 种绘画工具。

（1）绘制工具

"绘制工具"可以模拟各种绘画形式。可在属性栏设置笔刷类型、大小、形状等笔刷外观，笔刷的颜色由前景色决定。

（2）效果工具

"效果工具"可以调整选定对象的形状、颜色或色调，在属性栏中可设置笔刷类型、大小、形状等笔刷外观。

（3）图像喷涂工具 ：

"图像喷涂工具"使用小型全色位图来代替笔刷绘图。笔刷类型列表中预设了各种图像，也可以自己创建编辑源图像加载到笔刷类型图像列表中。例如，在笔刷类型中选择"星团"笔刷，选用合适的笔尖大小在画面中单击鼠标左键，画面中呈现零散的星光，如图 5-30 所示。

图 5-30　"图像喷涂工具"的运用

8. 前景色、背景色

图标"　"上面的选色框用来设置前景色，双击该框，弹出"前景色调色"对话框，选择需要的颜色。当使用绘画工具时，显示的笔触颜色是前景色。

下面的选色框用来设置背景色。双击选色框，会弹出"背景色调色"对话框，在此进行背景色的设置。当使用橡皮擦等工具擦除时，擦除的是背景色。

5.5　位图颜色遮罩

选中位图，执行菜单"位图"→"位图颜色遮罩"命令，打开如图 5-31 所示的"位图颜色遮罩"泊坞窗。通过"位图颜色遮罩"泊坞窗，可实现隐藏颜色和显示颜色两个功能。

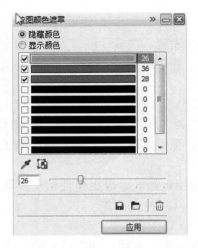

图 5-31 "位图颜色遮罩"泊坞窗

1. 隐藏颜色与显示颜色

隐藏颜色用于为图像隐藏背景或隐藏图像中某一部分像素；显示颜色用于只保留图像中选定的某一部分像素，而去除其他的像素。

2. 颜色选择滴管 ✐

用"颜色选择滴管"在图像中选取要隐藏或显示的颜色。

3. 容限

容限用来设置隐藏颜色的范围，容限越大，隐藏或显示颜色的范围越大。

如图 5-31 所示，选择"隐藏颜色"单选按钮，用"颜色选择滴管"在图面中选取 3 处草地背景色，并为各个颜色调整容限大小，单击"应用"按钮。草地背景色被隐藏，效果如图 5-32 所示。

图 5-32 "隐藏颜色"效果

5.6 重新取样

通过"重新取样"命令，可以对导入的位图进行尺寸和分辨率的调整。根据分辨率的大小决定文档输出的模式，分辨率越大，文件越大。

选中位图对象，执行菜单"位图"→"重新取样"命令，或者单击属性栏中的"重新取样"按钮 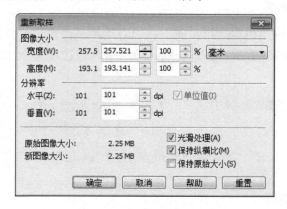，打开"重新取样"对话框，如图 5-33 所示。

图 5-33　"重新取样"对话框

在"图像大小"下"宽度"和"高度"文本框中输入数值，可以改变位图的大小。在"分辨率"下"水平"和"垂直"文本框中输入数值，可以改变位图的分辨率。文本框前面的数值为原位图的相关参数，可以参考进行设置。

勾选"光滑处理"选项，可以在调整大小和分辨率后平滑图像的锯齿。勾选"保持纵横比"选项，可以在设置时保持原图的比例，保证调整后不变形。如果仅调整分辨率，就不用勾选"保持原始大小"选项。

5.7　模式转换

在 CorelDRAW 中，可以实现位图对象颜色模式的转换。通过执行菜单"位图"→"模式"命令，如图 5-34 所示，从其下拉菜单中选择要转换的颜色模式，包括"黑白"、"灰度"、"双色"、"调色板色"、"RGB 颜色"、"Lab 色"和"CMYK 色"。

图 5-34　"模式"命令下拉菜单

5.8　位图边框扩充

在编辑位图时，可以对位图进行边框扩充的操作，形成边框效果。边框扩充的方式有两种："自动扩充位图边框"和"手动扩充位图边框"。

1. 自动扩充位图边框

执行菜单"位图"→"位图边框扩充"→"自动扩充位图边框"命令，当前面出现对钩时为激活状态，如图 5-35 所示。在系统默认情况下，该选项为激活状态，导入的位图对象均自动扩充边框。

图 5-35 "位图边框扩充"菜单命令

2. 手动扩充位图边框

执行菜单"位图"→"位图边框扩充"→"手动扩充位图边框"命令，打开"位图边框扩充"对话框，如图 5-36 所示。在对话框中更改"宽度"和"高度"，最后单击"确定"按钮，完成边框扩充。勾选对话框中的"保持纵横比"选项，可以按原图的宽高比例进行扩充。扩充后，对象的扩充区域为白色。

图 5-36 "位图边框扩充"对话框

5.9 位图的艺术效果

在 CorelDRAW 中，为位图预设了多种多样的艺术效果。在"位图"菜单中，从"三维效果"到"鲜明化"全部都是为位图添加艺术效果的命令。可以根据设计需要，把位图处理成各种风格。

1. 三维效果

图像应用三维效果，可使画面产生纵深感。三维效果包括"三维旋转"、"柱面"、"浮雕"、"卷页"、"透视"、"挤近/挤远"、"球面"。下面介绍常用的 3 种三维效果。

（1）三维旋转⬜

"三维旋转"命令可以使图像产生一种旋转透视的立体效果。选中要处理的位图对象，执行菜单"位图"→"三维效果"→"三维旋转"命令，打开"三维旋转"对话框，如图 5-37 所示。在"垂直"和"水平"数值框中输入数据调整旋转角度，也可以拖动左边的小立方体设置旋转角度，单击"确定"按钮完成设置。设置前后的效果如图 5-38 所示。应用"三维旋转"命令后，使用"形状工具" 分别调整图片四角的节点，将变形图片中的空白区域隐藏起来。

图 5-37　"三维旋转"对话框

图 5-38　原图与"三维旋转"效果

（2）卷页

"卷页"命令可以使图像的某一个角自动卷起。打开"卷页"对话框，如图 5-39 所示，可在对话框中设置卷角的位置、卷起方向、透明度和大小，也可为卷页选择颜色以及图像卷离页面后所暴露的背景色。分别为位图设置左下角和右上角卷页，设置后的效果如图 5-40 所示。

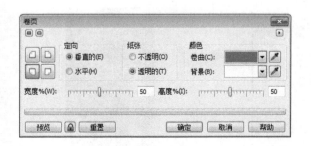

图 5-39　"卷页"对话框

图 5-40　"卷页"效果

（3）球面

可将图像弯曲为内球面或外球面。打开"球面"对话框，如图 5-41 所示，设置弯曲区域的中心点，"百分比"滑块控制弯曲度，正值使像素产生凸起形状，负值使像素产生凹陷形状。球面效果会产生荒诞、滑稽的画面效果，常应用在一些夸张的设计中，如图 5-42 所示。

2. 艺术笔触

应用艺术笔触可以为图像增加具有手工绘画外观的特殊效果，此组滤镜中包含 14 种美

图形图像处理（CoreIDRAW X6）

术技法。下面介绍 4 种常用的艺术笔触滤镜。

图 5-41　"球面"对话框

原图　　　　　　凸面效果　　　　　　凹面效果

图 5-42　应用"球面"前后对比效果

（1）印象派

使图像外观呈现"印象派"绘画的效果。印象派绘画的主要特征是斑驳的色彩和跳跃的笔触，在对话框中自定义色块或笔刷笔触的大小，并指定图像中光源量，如图 5-43 所示。应用印象派滤镜后，图片呈现斑斓的手绘效果，如图 5-44 所示。

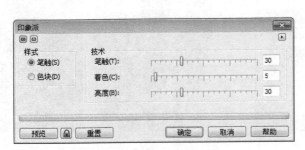

图 5-43　"印象派"笔触对话框

图 5-44　"印象派"笔触效果

（2）素描

"素描"效果可以使图像外观呈现为铅笔素描画，表现出丰富的灰调和浓重的线条勾勒。打开如图 5-45 所示的"素描"笔触对话框，设置相应参数。通过使用"素描"，使图片呈现出铅笔素描画效果，如图 5-46 所示。

（3）木版画

应用"木版画"命令，使颜色呈现更简洁的平面，笔刷形状模拟刻刀刻画的痕迹，凸显木版画的神韵，如图 5-47 所示。在对话框中指定颜色密度和笔刷笔触大小。

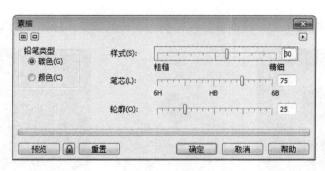

图 5-45 "素描"笔触对话框 　　　　　图 5-46 "素描"笔触效果

（4）水彩画

应用"水彩画"命令，使图像外观呈现水彩画效果，如图 5-48 所示。在对话框中可以指定笔刷大小，"粒状"滑块设置纸张底纹的粗糙程度，"水量"滑块设置笔刷中的水分值。

图 5-47 "木版画"笔触效果 　　　　　图 5-48 "水彩画"笔触效果

3. 颜色转换

"颜色转换"命令通过改变图像颜色来创建生动的效果。"颜色变换"包括位平面、半色调、梦幻色调及曝光。

（1）位平面

应用"位平面"命令，将图像的颜色以平面化的纯色显示，产生极具装饰感的波普艺术风格，如图 5-49 所示。在"位平面"对话框中，可以调整每个颜色滑块的数值，也可以勾选"应用于所有位面"单选按钮，整体进行数值调整。

（2）半色调

应用"半色调"命令，使图像具有产生彩色的网状外观，如图 5-49 所示。

（3）梦幻色调

应用"梦幻色调"命令，可将图像中的颜色改变为亮闪色，产生高对比度的梦幻色调，如图 5-49 所示。

（4）曝光

应用"曝光"命令，可以反显图像色调变换图像颜色，类似底片的效果，如图 5-49 所示。

"位平面"效果　　　　"半色调"效果　　　　"梦幻色调"效果　　　　"曝光"效果

图 5-49 "颜色转换"效果图

4．轮廓图

应用"轮廓图"，可以检测并强调图片中对象的边缘，并加以描绘。"轮廓图"子菜单包括边缘检测、查找边缘和跟踪轮廓。

（1）边缘检测

应用"边缘检测"，可以检测图像中的边缘，并将其转换为单色背景，如图 5-50 左图所示。打开"边缘检测"对话框，设置背景色颜色，拖动"灵敏度"滑块调整灵敏度。

（2）查找边缘

应用"查找边缘"，可以查找图像中的边缘，将边缘转换为柔和线条或实线，如图 5-50 中间图所示。打开"查找边缘"对话框，设置边缘类型，选择"软"类型，可以创建平滑模糊的轮廓。选择"纯色"类型，则创建比较鲜明的轮廓。"层次"滑块调整轮廓颜色层次的多少。

（3）跟踪轮廓

应用"跟踪轮廓"，可以突出显示图像元素的边缘，如图 5-50 右图所示。打开"跟踪轮廓"对话框，设置边缘类型，拖动"层次"滑块调整轮廓层次的多少。

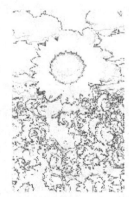

"边缘检测"效果　　　　"查找边缘"效果　　　　"跟踪轮廓"效果

图 5-50 "轮廓图"效果

5．创造性

"创造性"用各种趣味性的元素单体，将图像变换为富有创意的抽象画面。"创造性"命令的子菜单包括工艺、晶体化、织物、框架、玻璃砖、儿童游戏、马赛克、粒子、散开、茶色玻璃、彩色玻璃、 虚光、旋涡、天气 14 种效果。下面介绍常用的 4 种效果。

（1）工艺

应用"工艺"，使图像看上去是用工艺形状（如拼图板、齿轮、大理石、糖果、瓷砖和筹码等）创建的，为图片增添了趣味性，如图 5-51 所示。在"创造性"对话框中，可以设置元素单体的大小、角度及亮度。

（2）织物

应用"织物"，使图像外观看上去是用织物（例如，刺绣、地毯钩织、彩格被子、珠帘、丝带、拼纸等）创建的，如图 5-51 所示。打开"织物"对话框，在"样式"下拉列表中设置织物样式，各种滑块用来调整元素单体大小、多少、亮度及旋转角度。

（3）儿童游戏

以发光栓钉、积木、手指绘画或数字等元素单体重新创建图像，如图 5-51 所示。打开"儿童游戏"对话框，在"游戏"下拉列表中设置元素单体的样式，各种滑块用来调整元素单体大小、多少、亮度及旋转角度。

（4）框架

应用"框架"，可以给图像边缘增加涂刷效果的边框，如图 5-51 所示。打开"框架"对话框，在"选项"栏设置框架样式，"修改"栏中各种滑块调整框架大小、透明度、旋转角度等。

工艺—拼图板　　　　　　织物—刺绣　　　　　　儿童游戏—积木　　　　　　框架—默认

图 5-51　4 种"创造性"效果

6．扭曲

"扭曲"可以为图片添加各种扭曲变形的效果，包括 10 种效果：块状、置换、偏移、像素、龟纹、旋涡、平铺、湿笔画、涡流、风吹效果。下面介绍 4 种常用的扭曲效果。

（1）块状

应用"块状"，可以将图像分解为杂乱的块状碎片，如图 5-52 所示。打开"块状"对话框，设置底色（应用该效果后暴露出来）的颜色样式，高度、宽度和偏移滑块调整元素单体大小及偏移角度。

（2）旋涡

应用"旋涡"，可在图像上创建顺时针或逆时针旋涡变形效果，如图 5-52 所示。打开"旋涡"对话框，在"定向"复选框中选择"顺时针"或"逆时针"，设置旋转方向，"整体旋转"滑块调整层级数量，"附加度"滑块调整扭曲幅度。

（3）湿笔画

应用"湿笔画"，可使图像上呈现用湿笔作画，水渍流淌，画面浸染的效果，如图 5-52 所示。打开"湿笔画"对话框，"润湿"滑块调整水量大小，以设定"润湿"的程度。

（4）龟纹

应用龟纹滤镜，可使图像产生波纹效果，如图 5-52 所示。在"主波纹"选项组中设置波动周期及振幅，在"角度"数值框设置波纹倾斜角度，勾选"扭曲龟纹"单选按钮可使波纹发生变形。

块状　　　　　旋涡　　　　　湿笔画　　　　　龟纹

图 5-52　4 种"扭曲"效果

案例 14　月圆中秋

 案例描述

运用素材"花.psd"、"花边.psd"、"月饼.psd"，使用文本工具输入并编辑文字，制作一个中秋节贺卡，效果如图 5-53 所示。

图 5-53　"中秋节贺卡"效果

案例解析

在本案例中，需要完成以下操作：

➢ 使用渐变填充工具完成背景的填充；

➢ 使用文本工具输入美术字，并对美术字进行拆分、填充等操作；

➢ 制作路径文字；

➢ 制作段落文字；

➢ 导入画面中用到的位图，并调整大小及位置。

（1）执行"文件"→"新建"命令，打开"创建新文档"对话框，设置版面为"横向"，创建一个名称为"中秋节贺卡"的新文档。

（2）双击"矩形工具" □，插入一个和页面大小一致的矩形。单击"渐变填充" ◼ 工具，在弹出的"渐变填充"对话框中，做如下设置："类型"为"辐射"，"中心位移"水平方向是"−12%"，垂直方向是"−18%"。"颜色调和"为"双色"，起始色是"80%黑"，结束色是"红"，"中点"为"23"，如图5-54所示。

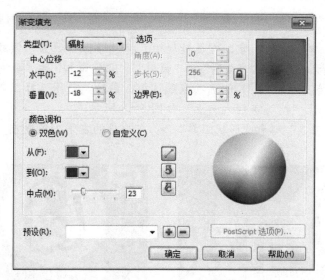

图 5-54 "渐变填充"对话框

（3）选择工具箱中的"文本工具" 字，在页面中间位置单击鼠标左键，输入文字"月圆中秋"。选中"月圆中秋"，执行菜单"排列"→"拆分美术字"命令，实现了对这四个字的拆分，可以对单个字进行编辑，如图5-55所示。

图 5-55 艺术字"月圆中秋"拆分前后

（4）选中"月"字，在属性栏中，将"字体"改为"微软雅黑"，"大小"为"72pt"，"粗体"。进行渐变填充，"类型"为"线性"，"角度"为"90"，"颜色调和"为"双色"，起始色为"80%黑"，结束色为"黄"，中点为"20"，其他选项取默认值。

（5）选中"圆"字，在属性栏中，将"字体"改为"华文行楷"，"大小"为"160pt"，字的颜色保持为黑色。将"圆"字拖动到"月"字的右下方，将"中"和"秋"也拖动到"圆"字的右下方，并留有一段距离，设置后的效果如图 5-56 所示。

（6）使用"椭圆形工具" ⬭ 绘制圆月的外形，填充为"黄色"，"轮廓"为"无"。选中这轮圆月，执行菜单"排列"→"顺序"→"置于此对象后"命令，之后单击"圆"字。移动圆月的位置，让它恰好位于"圆"字的下方。调整圆月的大小，如图 5-57 所示。

图 5-56 对"月"和"圆"进行设置

图 5-57 添加圆月后的效果

（7）选中"中"字和"秋"字，在属性栏中，将"字体"改为"微软雅黑"，"大小"为"72pt"，"粗体"。进行渐变填充，"类型"为"辐射"，"颜色调和"为"双色"，起始色为"黄"，结束色为"白"，中点为"50"，其他选项取默认值。最后，使用选择工具选中"秋"字，拖动右上角的控制点，让"秋"字稍大一点，如图 5-58 所示。

（8）使用"手绘工具" ✎ 和"形状工具" ▶，在圆月的左下方绘制出一段弧形，如图 5-59 所示。

图 5-58 "中""秋"设置后的效果

图 5-59 添加圆弧形路径

（9）使用文本工具，在页面中输入文字"每逢佳节倍思亲"，在属性栏中，设置字体为"方正舒体"，大小为"30pt"，颜色为"白色"。使用选择工具选中弧形路径，按住 Shift 键，加选"每逢佳节倍思亲"。之后，执行菜单"文本"→"使文本适合路径"命令，得到效果如图 5-60 所示。

（10）选中路径文字，先单击属性栏中的"水平镜像文本"按钮 ，再单击"垂直镜像文本"按钮 ，得到的效果如图 5-61 所示。

（11）选择路径文字，执行菜单"排列"→"拆分在一路径上的文本"命令，文字便与路径分离。选择路径，按 Delete 键删除，得到的效果如图 5-62 所示。

图 5-60 形成路径文字

图 5-61 编辑路径文字

图 5-62 分离路径与文字

（12）依次导入位图文件"花"、"花边"、"月饼"，调整其大小与位置，如图 5-53 所示。

（13）选择"文本工具"，在月饼的上方拖动鼠标，形成一个文本框。选中文本框，单击属性栏中的"将文本更改为垂直方向"按钮||||||，在文本框中输入文字"但愿人长久，千里共婵娟"。将文字字体设为"微软雅黑"，大小为"48pt"，填充色是红色，轮廓是 0.2mm 黄色，效果如图 5-53 所示。

（14）执行菜单"文本"→"段落文本框"→"显示文本框"命令，取消该命令的复选标记。

（15）保存文件。

5.10 文本工具的基本属性

文本工具的基本属性包括文本的字体、大小、间距及字符效果等。在工具箱中选择"文本工具"字或者选择页面中的文本后，在属性栏中会显示与文本相关的选项，如图 5-63 所示。下面就文本的属性栏做详细介绍。

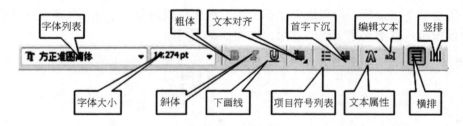

图 5-63 "文本工具"的属性栏

1. 字体列表 ○ Arial ▼

单击"字体列表"后，在下拉列表中选择自己需要的字体。

在设计中，如果只用 Windows 系统自带的字体，很难满足设计需要，因此可以安装系统外的字体。安装方法如下：首先，关闭 CorelDRAW 软件。从网上下载需要的字体，一般情况下，字体的扩展名为".ttf"。使用鼠标选中要安装的字体，按【Ctrl+C】组合键进行复制。接着，打开"控制面板"中的"字体"文件夹，按【Ctrl+V】组合键进行粘贴。刷新页面后，重新打开 CorelDRAW，即可在"字体列表"中找到新安装的字体。

2. 字体大小 12pt ▼

选择了文本工具或选择文本对象后，可以在属性栏的"字体大小"下拉列表中选择字体大小，也可以直接输入数值。

3. 粗体 B

单击"粗体"按钮，可以将文字加粗，再次单击该按钮，使加粗的文字还原。

4. 斜体 I

单击"斜体"按钮，可以将文字倾斜，再次单击该按钮，使倾斜的文字还原。\

5. 下画线 U

单击"下画线"按钮，可以为文字添加下画线效果，再次单击该按钮，则取消下画线效果。

6. 对齐 ≣

单击"对齐"按钮，弹出水平对齐下拉列表，可以根据需要选择文字的对齐方式。

7. 项目符号 ≔

单击"项目符号"按钮，可以为段落文字添加项目符号，再次单击该按钮，取消项目符号的使用。

8. 首字下沉 ≣

为突出段落的句首，可以在段落文本中使用首字下沉。单击该按钮，光标所在段落的第一个字呈现首字下沉效果，如果选中全部文本，那么每段的第一个字都呈现首字下沉效果。再次单击该按钮，取消首字下沉的使用，如图 5-64 所示。

图 5-64 "首字下沉"效果

9. 文本属性 A

单击"文本属性"按钮，弹出"文本属性"泊坞窗，在泊坞窗中可以对文本属性进行具体设置。再次单击该按钮，则关闭"文本属性"泊坞窗。

10. 编辑文本 abI

单击"编辑文本"按钮，弹出"编辑文本"对话框，如图 5-65 所示，可对文本进行编辑。

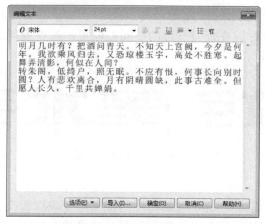

图 5-65 "编辑文本"对话框

11. 将文本更改为水平方向 ☰

单击☰按钮，可以使选中的文本呈水平方向排列。

12. 将文本更改为垂直方向 ‖‖

单击‖‖按钮，可以使选中的文本呈垂直方向排列。

5.11 美术字文本

CorelDRAW 默认的输入文本是美术字文本。选择工具箱中的"文本工具"字，在绘画窗口中的任意位置单击鼠标左键，出现输入文字的光标后，便可输入美术字。之后，可以利用属性栏，对美术字文本进行一些常规设置。此外，还可以对美术字进行一些特殊设置。

1. 美术字的变换

美术字文本在 CorelDRAW 中等同于图形对象，可以自由变换。执行菜单"排列"→"变换"命令，展开"变换"泊坞窗，在"变换"泊坞窗中可对美术字的位置、角度、大小等作调整，不太精确的调整可用鼠标拖动来完成。下面介绍 5 种用鼠标拖动来变换美术字的方法。

（1）移动位置

选中美术字，把光标放在对象上，按住鼠标左键，直接拖动对象移动位置。

（2）调整大小

选中文本对象，把光标放在控制点的任何一角，按住鼠标左键拖动，可以任意缩放文本对象，如图 5-66 所示，实现文本大小的任意调整。

图 5-66 调整美术字的大小

（3）拉长和挤压

选中文本对象，把光标放在任何一边的中间控制点，按住鼠标左键拖动，可以将美术字拉长或压扁，如图 5-67 所示。

图 5-67　拉长文本效果

（4）旋转

选中文本对象，双击鼠标左键，对象四周的控制点变成双箭头形状，移动光标至控制点的任何一角，当光标变成环状箭头时，按住鼠标左键沿顺时针或逆时针方向拖动，即可让美术字实现旋转，如图 5-68 所示。

图 5-68　旋转文本效果

（5）倾斜

选中文本对象，双击鼠标左键，对象四周的控制点变成双箭头形状，移动光标至四边中间的控制点，当光标变成双向单箭头形状时，按住鼠标左键左右或上下拖动，即可让美术字实现左右或上下倾斜，如图 5-69 所示。

图 5-69　倾斜文本效果

2．添加轮廓线

选中文本对象，单击工具箱中的"轮廓工具组" ，在弹出的下拉列表中，直接选择预设的各种宽度的轮廓线；还可以打开"轮廓笔"对话框，自定义轮廓线的颜色、宽度以及样式等。

3．字符间距

选中文本对象，使用"形状工具" ，光标变成 形状，移动光标至右边的控制点，按住鼠标左键左右拖动，美术字的间距产生变化，如图 5-70 所示。当调整垂直排列的文本字符间距时，可以拖动左边的控制点拉大或缩小字符间距。

图 5-70　调整字符间距效果

4．修饰美术字

在实际的设计工作中，仅仅依靠系统提供的字体进行设计是远远不够的，还需要设计师发挥更多的创意。把美术字转换为曲线，可以将文本作为矢量图形进行各种造型上的改变，充分发挥设计师的想象力和创造力。

（1）拆分美术字

为了更加灵活地修饰文本，可以把文本拆分成单个字符。选择文本对象，执行菜单"排列"→"拆分美术字"命令，或按【Ctrl+K】组合键，美术字文本被拆分成单个字符，可以对单个文字进行创意性编辑。

（2）美术字转为曲线

选择文本对象，执行菜单"排列"→"转换为曲线"命令，或按【Ctrl+Q】组合键，将美术字文本转换为矢量图形。把文本对象转为曲线后，使用形状工具修改笔画的节点，并为某一笔画填充不同的颜色，增加了文字的形式感，如图 5-71 所示。

图 5-71　执行完"转换为曲线"后可以改变字形

（3）拆分曲线

文本转换为矢量图形后仍是一个整体图形，如果要对单个笔画进行修饰，还要进一步拆分曲线。选择文本对象后，执行菜单"排列"→"拆分曲线"命令，或按【Ctrl+K】组合键，整体的文字图形被拆分成若干闭合图形，删除其中某一笔画，以卡通图形替代，文字变得生动鲜活，如图 5-72 所示。

图 5-72　"拆分曲线"后可以改变每一笔画

（4）与图形结合

把文本和一个图形叠放在一起，同时选中文本和图形，执行"排列"→"结合"命令，或者按【Ctrl+L】组合键，二者结合成一个图形，重叠部分呈现露底显白，文本自动转换为曲线，如图 5-73 所示。

图 5-73　文本与图形结合效果

5. 美术字与段落文本的转换

美术字文本与段落文本之间可以互相转换。选中美术字文本，执行菜单"文本"→"转换为段落文本"命令，或按【Ctrl+F8】组合键，即可将美术字转换为段落文本。同样，选中段落文本，执行菜单"文本"→"转换为艺术字"命令，或按【Ctrl+F8】组合键，即可将段落文本转换为美术字。

6. 使文本适合路径

在设计创作中，需要使文字与图形紧密结合，或者使文字以较为复杂的路径排列，可以应用"使文本适合路径"命令。先画一个图形或一条曲线，加选文本对象，执行"文本"→"使文本适合路径"命令，文本便自动与路径切合，如图 5-74 所示。

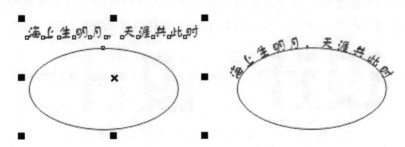

图 5-74　文本适合路径效果

沿路径排列后的文字，可以在属性栏修改其属性，以改变文字沿路径排列的方式，属性栏如图 5-75 所示。

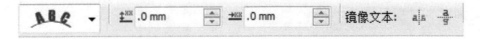

图 5-75　路径文本的属性栏

（1）"文本方向"下拉列表 设置文本的总体朝向。

（2）与路径的距离 设置文本与路径间的距离。

（3）偏移 .0 mm

设置文本起始点的偏移量，可以设定为正值，也可以设定为负值。

（4）镜像文本

有"水平镜像"按钮 和"垂直镜像"按钮 ，分别设置文本在路径上从左至右翻转和从上至下翻转，如图 5-76 所示。

原图　　　　　　　　　　水平镜像　　　　　　　　　　垂直镜像

图 5-76　镜像文本

调整好文字位置后，要把文本与路径分离。选择路径文字，执行菜单"排列"→"拆分在一路径上的文本"命令，文字便与路径分离，之后，可以删除路径图，路径文本仍然保持当前状态，如图 5-77 所示。

图 5-77　拆分路径与文本并删除路径

应用"使文本适合路径"命令后，如果需要撤销文字路径，选择路径文本，执行菜单"文本"→"矫正文本"命令，路径文本恢复原始状态，效果如图 5-78 所示。

图 5-78　"矫正文本"效果

5.12　段落文本

段落文本除了基本属性选项外，还可以通过 "段落文本框"的使用，实现与图形的各种链接，下面做重点介绍。

1．文本框的设置

选择"文本工具"字，按住鼠标左键在窗口拖动，显示文本框，可以在其中直接输入文本。如果想取消文本框，可以执行菜单"文本"→"段落文本框"→"显示文本框"命令，取消该命令的复选标记即可。

2．文本与图形的链接

文本还可以链接到图形中。选中文本对象，把鼠标移动到文本框下方的 控制点上。单击鼠标左键，光标变成 形状，把光标移动到图形对象上，光标变为 ➡ 形状，单击图形，即可将文本链接到图形对象中，删除文本框后，图形中出现原文本，如图 5-79 所示。

3．文本绕图排列

文本绕图排列是指文本沿图形的外轮廓进行各种形式的排列。在页面上输入段落文本，导入或绘制一个图形。选中图形，单击属性栏中的"段落文本换行"按钮 ，弹出下拉列表，选择绕图方式和设置"文本换行偏移"的数值。将图形拖放到段落文本中，形成文本环绕图形效果，如图 5-80 所示。

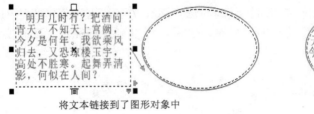

将文本链接到了图形对象中　　　　　　　　删除文本框后

图 5-79　文本与图形的链接

图 5-80　文本环绕图形的效果

注意：

文本绕图不能应用在美术字文本中，如需使用此功能，必须先将美术字文本转换成段落文本。

案例 15　淡雅台历

 案例描述

巧用"表格工具"完成"大事记"和"2015 年 1 月日历"的绘制，完成如图 5-81 所示的"淡雅台历"效果。

图 5-81　"淡雅台历"效果

 案例解析

在本案例中，需要完成以下操作：

➢ 导入背景位图文件；

➢ 使用"表格工具"绘制表格；

➢ 对表格的轮廓进行设置；

➢ 文本与表格间的转换；

➢ 设置单元格的属性。

（1）执行"文件"→"新建"命令，打开"创建新文档"对话框，设置"宽度"为 230mm，"高度"为 210mm，文档名称为"淡雅台历"，单击"确定"按钮。

（2）执行菜单"文件"→"导入"命令，导入素材中的位图文件"背景.jpg"，调整位图"风景"的大小与位置，使其与页面重合。选中位图文件，执行菜单"排列"→"锁定对象"命令，将其锁定。

（3）选择"表格工具"　，在属性栏中设置"行数"为 4，"列数"为 1。在页面左下方拖动鼠标，绘制出 4 行 1 列的表格，如图 5-82 所示。

图 5-82　绘制出一个 4 行 1 列的表格

（4）使用"选择工具"选中表格，在属性栏中单击"边框选择"按钮囲，在打开的列表中选择"全部"，如图 5-83 所示。接着，设置"轮廓宽度"为 0.5mm，轮廓颜色为"深褐"（C:0 M:20 Y:20 K:60）。

（5）选中表格，在属性栏中单击"边框选择"按钮囲，在打开的列表中选择"左侧和右侧"，再设置"轮廓宽度"为"无"。

（6）使用"文本工具" 字 在表格上方输入美术字文本"大事记:"。然后，在属性栏上设置字体为"华文隶书"，"大小"为 24pt，填充颜色为"深褐"（C:0 M:20 Y:20 K:60），如图 5-84 所示。

图 5-83　表格边框的设置　　　　　图 5-84　"大事记"部分的阶段效果

（7）选中表格，在属性栏中单击"边框选择"按钮囲，在打开的列表中选择"顶部"，再设置"轮廓宽度"为"无"，效果如图 5-81 所示。

（8）使用"文本工具"输入段落文本，在属性栏上设置"字体"为"华文中宋"，第 1 行的文字大小为"12pt"，第 2 行的文字大小为"8pt"，其他的文字大小为"7pt"。在输入文字时，行与行之间的换行通过按下 Enter 键实现。在同一行中，文字之间的空格通过按 Tab 键来实现。之后，填充第 1 列文本为红色，效果如图 5-85 所示。

图 5-85　使用"文本工具"完成日历的绘制

（9）选中文本，执行菜单"表格"→"文本转换为表格"命令，弹出"将文本转换为表格"对话框，勾选"制表位"选项，单击"确定"按钮，转换后的表格如图 5-86 所示。

（10）使用"表格工具"选中表格中的第 1 行单元格，然后单击属性栏中的"合并单元格"按钮吕，效果如图 5-87 所示。

（11）使用"表格工具"选中表格中的所有单元格，然后单击属性栏中的"页边距"按钮，在打开的面板中，单击圖按钮，解除锁定。然后设置页边距均为"0mm"，如图 5-88 所示。

最后再次单击 按钮，进行锁定。之后调整表格大小，效果如图 5-89 所示。

图 5-86 文本转换为表格后的效果

图 5-87 "合并单元格"后的效果

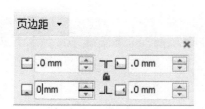

图 5-88 "页边距"的设置

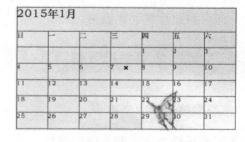

图 5-89 调整表格大小后的效果

（12）使用"表格工具"选中表格，在属性栏中单击"边框选择"按钮田，在打开的列表中选择"全部"，再设置"轮廓宽度"为"无"，效果如图 5-90 所示。

图 5-90 将"轮廓宽度"设为"无"

（13）选中表格，执行菜单"排列"→"转换为曲线"命令，最终效果如图 5-81 所示。

> **注意：**
>
> 在 CorelDraw 中，使用多个表格会影响系统的反应速度和操作速度。可以通过"转换为曲线"命令将表格转换为曲线。

（14）保存文件。

5.13 创建表格

创建表格时，既可以直接使用工具进行创建，也可以运用菜单命令。

1. 使用表格工具 ▦

单击工具箱中的"表格工具" ▦，在属性栏中在绘图窗口中拖动鼠标，即可按照属性栏中默认的行数、列数创建表格。之后，可以在属性栏中修改表格的行数和列数，或者进行填充、轮廓设置等操作。

2. 使用菜单命令 ▦

执行菜单"表格"→"创建新表格"命令，弹出"创建新表格"对话框。在该对话框中，可以设定表格的"行数"、"栏数"、"高度"、"宽度"。设置好后，单击"确定"按钮，即可按照设置创建表格。

5.14 文本与表格的相互转换

1. 将表格转换为文本 ▦

选中要转换为文本的表格，执行菜单"表格"→"将表格转换为文本"命令，弹出"将表格转换为文本"对话框，如图 5-91 所示。选择某种"单元格文本分隔依据"，例如：选择"用户定义"选项，再输入符号"@"，单击"确定"按钮，转换前后的效果如图 5-92 所示。

图 5-91 "将表格转换为文本"对话框

1班	2班	3班
4班	5班	6班
7班	8班	9班

1班@2班@3班
4班@5班@6班
7班@8班@9班

图 5-92 将表格转换为文本

2. 将文本转换为表格

选中要转换的文本，执行菜单"表格"→"将文本转换为表格"命令，弹出"将文本转换为表格"对话框，如图 5-93 所示。选择"逗号"选项，单击"确定"按钮，转换前后的效果如图 5-94 所示。

图 5-93　"将文本转换为表格"对话框

图 5-94　将文本转换为表格

5.15　表格的属性设置

单击"表格工具"或者选中页面中的表格，属性栏中呈现表格的属性，如图 5-95 所示。

图 5-95　"表格"属性栏

1. 行数⊞↓和列数⊞

⊞↓和⊞分别用来设置表格的行数和列数。

2. 填充色⊠▾

⊠▾用来设置表格背景的填充颜色。

3. 编辑填充

单击按钮，可以打开"均匀填充"对话框。在该对话框中，可以对已填充的颜色进行设置，也可以重新选择颜色。

4. 边框选择⊞

⊞用于调整显示在表格内部和外部的边框。单击该按钮，出现下拉列表，可以从中选择所要调整的表格边框，如图 5-83 所示。

5. 轮廓宽度 .2 mm　▾

单击 .2 mm　▾按钮，可以在打开的下拉列表中选择表格的轮廓宽度，也可以在该选项的数值框中直接输入数值。

6. 轮廓颜色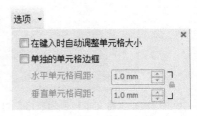

单击 ■▼ 按钮，可以在打开的颜色面板中选择一种颜色作为表格的轮廓颜色。

7. 轮廓笔

单击 按钮可以打开"轮廓笔"对话框，在该对话框中可以详细设置表格轮廓的属性。

8. 选项

单击"选项"按钮，出现下拉列表，如图 5-96 所示。

（1）在键入时自动调整单元格大小

勾选该选项后，在单元格内输入文本时，单元格的大小会随输入文字的多少而变化。若不勾选该选项，文字输入满单元格时，继续输入的文字会被隐藏。

（2）单独的单元格边框

勾选该选项，可以在"水平单元格间距"和"垂直单元格间距"的数值框中设置单元格间的水平距离和垂直距离。

图 5-96　"选项"下拉列表

5.16　选择单元格

1. 选择单个单元格

使用"表格工具"单击要选择的单元格，按住鼠标左键拖曳光标，待光标变成加号形状 时，拖动光标到单元格右下角，即可选中该单元格，如图 5-97 所示。

2. 选择整行

选择"表格工具"，移动光标到表格左侧，待光标变成箭头形状 时，单击鼠标左键，即可选中该行单元格，如图 5-98 所示。

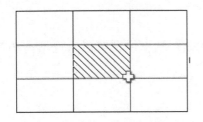

图 5-97　选择单个单元格

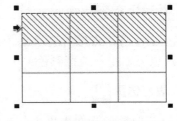

图 5-98　选择整行单元格

3. 选择整列

选择"表格工具"，移动光标到表格上方，待光标变成箭头形状 时，单击鼠标左键，即可选中该列单元格，如图 5-99 所示。

4. 选择多个单元格

选择"表格工具"，在表格内部拖曳鼠标，即可将光标经过的单元格全部选中，如图 5-100 所示。

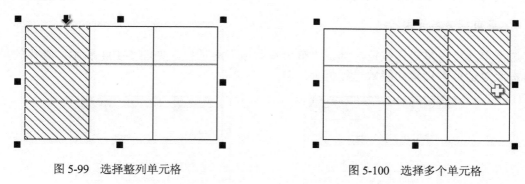

图 5-99 选择整列单元格　　　　　图 5-100 选择多个单元格

5. 使用菜单命令进行选择

选择"表格工具"，单击表格内的某一单元格，执行菜单"表格"→"选择"命令，出现下拉列表，如图 5-101 所示，分别执行该列表中的各项命令，可以进行不同的选择。

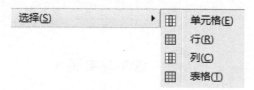

图 5-101 菜单"表格"→"选择"命令

5.17 单元格属性的设置

选中单元格后，属性栏出现单元格的属性，如图 5-102 所示。

图 5-102 单元格属性栏

1. 页边距

页边距用来指定所选单元格内的文字到 4 个边的距离。单击该按钮，弹出设置面板，如图 5-88 所示，单击中间的按钮，即可对其他 3 个选项进行不同的数值设置。

2. 合并单元格

先选中要合并的多个单元格，单击按钮，即可将所选单元格合并为一个单元格。

3. 水平拆分单元格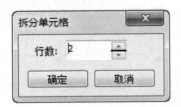

选择单元格，单击 按钮，弹出"拆分单元格"对话框，如图 5-103 所示，选择的单元格将按照对话框中设置的行数进行拆分。

4. 垂直拆分单元格

选择单元格，单击该按钮，弹出"拆分单元格"对话框，如图 5-104 所示，选择的单元格将按照对话框中设置的栏数进行拆分。

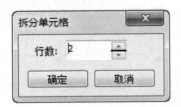

图 5-103　水平拆分单元格　　　　　　图 5-104　垂直拆分单元格

5. 撤销合并

对几个单元格执行完"合并单元格"操作后，单击 按钮，可以将单元格还原为没合并之前的状态。

 思考与实训 5

一、填空题

1．将矢量图转换为位图的菜单命令是_____。

2．将位图转换成矢量图时，使用_____命令，可以实现一键描摹，快速完成位图到矢量图的转换。

3．通过执行菜单命令_____可以检测最亮的区域和最暗的区域，自动调整每个色调的校正范围，自动校正图像的对比度和颜色。

4．"矫正图像"命令的作用：_____。

5．选中要编辑的位图对象，单击属性栏中的_____按钮，即可打开"Corel PHOTO-PAINT"窗口。

6．在"Corel PHOTO-PAINT"窗口中，魔棒遮罩工具的使用方法：_____。

7．通过"位图颜色遮罩"泊坞窗，可以实现_____和_____两个功能。

8．在编辑位图时，可以对位图进行边框扩充的操作，形成边框效果。边框扩充的方式有两种：_____和_____。

9．图像应用_____艺术效果，可以使画面产生纵深感。

10．CorelDRAW 默认的输入文本是_____。

11．让美术字实现倾斜的操作方法是_____。

12．调整美术字字符间距的方法：_____。

13．将美术字转为曲线的快捷键是_____。

14．同时选中一个图形和文本对象，执行_____命令，文本便自动与图形切合。

15．实现文本与图形链接的方法：_____。

16．创建表格时，可以使用_____工具，也可以使用_____菜单命令。

17．在表格的属性栏中，🔲按钮的作用：_____。

18．选择单个单元格的方法：_____。

二、上机实训

1．运用素材"桃花.jpg"，使用"编辑位图"、"描摹位图"等功能，完成"窗外桃花"效果的制作，如图 5-105 所示。

2．用素材"端午绿.jpg"做背景，使用"文本工具"实现"端午节广告"中的艺术字和段落文本效果，如图 5-106 所示。

图 5-105　"窗外桃花"效果

图 5-106　"端午节广告"效果

3．运用素材"牡丹花.psd"，巧用"表格工具"和"文本工具"，完成"明信片"效果的制作，如图 5-107 所示。

图 5-107　"明信片"效果

4．运用素材"草原.jpg"、"海边.jpg"、"林中.jpg"、"群山.jpg"、"雪原.jpg"，使用位图的"三维旋转"效果，设计一个用美景组成的折纸效果，如图 5-108 所示。

图 5-108 "美景折纸"效果

5. 用素材"喜庆.jpg"做为背景，使用"文本工具"、"渐变填充工具"和"轮廓工具"，完成新年贺卡的制作，如图 5-109 所示。

图 5-109 "新年贺卡"效果

海报设计

海报也称招贴，英文名称为 Poster，是在公共场所以张贴或散发形式发布的一种印刷品广告。海报具有发布时间短、时效强、印刷精美、视觉冲击力强、成本低廉、对发布环境的要求较低等特点。其内容真实准确，语言精练，篇幅短小，往往根据内容需要搭配适当的图案或图画，以增强宣传的表现力和感染力。

6.1 常见海报的分类

常见的海报主要有 4 种：商品宣传海报、活动宣传海报、影视宣传海报和公益海报。

1. 商品宣传海报

商品宣传海报是指宣传商品或商业服务的商业广告性海报。商品宣传海报的设计，要恰当地配合产品的格调和受众对象。这类海报也是最常见的海报形式，如图 6-1 所示。

图 6-1　商品宣传海报

2. 活动宣传海报

活动宣传海报是指各种社会文娱活动及各类展览的宣传海报。海报的种类很多，不同的海报都有各自的特点，设计师需要了解展览和活动的内容才能运用恰当的方法表现其内容和风格，如图 6-2 所示。

图 6-2 活动宣传海报

3. 影视宣传海报

影视宣传海报是海报的分支，影视宣传海报主要是起到吸引观众注意、刺激电影票房收入或电视收视率的作用，与戏剧海报、文化海报等有几分类似。此类海报往往与剧情相结合，海报内容通常为影视作品的主要角色或重要情节，海报色彩的运用也与影视作品的感情基调有直接联系，如图 6-3 所示。

图 6-3 电影宣传海报

4. 公益海报

公益海报是带有一定思想性的海报。这类海报对公众具有特定的教育意义，其海报主题包括各种社会公益、道德的宣传，或政治思想的宣传，弘扬爱心奉献、共同进步的精神等，如图 6-4 所示。

图 6-4 公益宣传海报

6.2 海报的设计要求

海报是一种大众化的宣传工具，属于平面媒体的一种，没有音效，只能借助形与色来强化传达信息，所以对于色彩方面的突显是很重要的要点。通常人们看海报的时间很短暂，在 2～5 秒便想获知海报的内容，所以色彩中明视度的适当提高、应用心理色彩的效果、使用美观与装饰的色彩等都有助于效果的传达，由此形成的海报有说服力，指认、传达信息和审美的功能。

➤ **立意要好**

确定海报的主题，即要表达的主要内容。

➤ **色彩鲜明**

采用能够吸引人们注意的色彩。

➤ **构思新颖**

用新的方式和角度去理解问题，创造新的视野和观念。

➤ **构图简练**

用最简单的方式说明问题，不使人感觉烦琐。

➤ **传达信息**

重点展现要传达的信息，运用色彩的心理效应，强化印象的用色技巧。

优良的海报需要事先考虑观看者的心理反应与感受，才能使传达的内容与观赏者产生共鸣。校园张贴海报的尺寸一般为 A1：约为 810mm×580mm，或 A0：约为 1160mm×810mm，多为喷绘制作，分辨率设为 200 像素/英寸左右，色彩模式为 CMYK。

6.3 海报的设计方法

海报是以图形和文字为内容，以宣传观念、报道消息或推销产品等为目的。设计海报时，首先要确定主题，再进行构图，最后使用技术手段制作出海报并充实完善，下面介绍各种海报创意设计的方法。

1. 明确的主题

整幅海报应力求有鲜明的主题、新颖的构思、生动的表现等创作原则，才能以快速、有效、美观的方式，达到传送信息的目标。任何广告对象都有可能有多种特点，只要抓住一点，一经表现出来，就必然形成一种感召力，促使对广告对象产生冲动，达到广告的目的。在设计海报时，要对广告对象的特点加以分析，仔细研究，选择出最具有代表性的特点。

2. 视觉吸引力

首先要针对对象、广告目的，采取正确的视觉形式；其次要正确运用对比的手法；再次要善于掌握不同的新鲜感，重新组合和创新；最后海报的形式与内容应该具有一致性，这样才能使其吸引力深刻。

3. 科学性和艺术性

随着科学技术的进步，海报的表现手段越来越丰富，也使海报设计越来越具有科学性。但是，海报的对象是人，海报是通过艺术手段，按照美的规律去进行创作的，所以，它又不是一门纯粹的科学。海报设计是在广告策划的指导下，用视觉语言传达各类信息。

4. 灵巧的构思

设计要有灵巧的构思，使作品能够传神达意，这样作品才具有生命力。通过必要的艺术构思，运用恰当的夸张和幽默的手法，揭示产品未发现的优点，明显地表现出为消费者利益着想的意图，从而可以拉近消费者的感情，获得广告对象的信任。

5. 用语精练

海报的用词造句应力求精练，在语气上应感情化，使文字在广告中真正起到画龙点睛的作用。

6. 构图赏心悦目

海报的外观构图应该让人赏心悦目，造成美好的第一印象。

7. 内容的体现

设计一张海报除了纸张大小之外，通常还需要掌握文字、图画、色彩及编排等设计原则，标题文字和海报主题有直接关系，因此除了使用醒目的字体与大小外，文字被除数不宜太多，尤其需配合文字的速读性与可读性，以及关注远看和边走边看的效果。

8. 自由的表现方式

海报里图画的表现方式可以非常自由，但要有创意的构思，才能令观赏者产生共鸣。除了使用插画或摄影的方式之外，画面也可以使用纯粹几何抽象的图形来表现。海报的色彩则宜采用比较鲜明，并能衬托出主题，引人注目的颜色。编排虽然没有一定格式，但是必须达到画面的美感，还要合乎视觉顺序，因此在版面的编排上应该掌握形式原理，如均衡、比例、韵律、对比、调和等要素，也要注意版面的留白。

6.4 海报的设计用途

海报是人们极为常见的一种招贴形式，也多用于电影、戏剧、比赛、文艺演出等活动。海报中通常要写清楚活动的性质，活动的主办单位、时间、地点等内容。海报的语言要求简明扼要，形式要做到新颖美观，主要有以下几种用途。

> **广告宣传海报**

可以将广告传播到社会中，满足人们的利益需求。

> **现代社会海报**

较为普遍的社会现象，为大多数人所接纳，提供现代生活的重要信息。

> **企业海报**

为企业部门所认可。可以利用它控制员工的一些思想，引发思考。

> **文化宣传海报**

文化是当今社会必不可少的，无论是多么偏僻的角落、多么寂静的山林，都存在着文化，所以，文化类的宣传海报也是必不可少的。

案例 16 "校园科技节" 宣传海报设计

 案例描述

综合运用 "交互式变形工具"、"变换工具"、"交互式透明工具"、"透视" 及 "立体化" 等工具，参照图 6-5 所示效果，设计并制作 "校园科技节" 宣传海报，要求活动主题突出，文字简明扼要，形式新颖美观，构图与色彩和谐统一，画面具有较强的表现力和视觉冲击力。

图 6-5 "科技节" 海报效果

案例解析

在本案例中，需要完成以下操作：

➢ 使用"渐变填充工具"制作背景；

➢ 使用"封套工具"及"变形工具"制作放射光线效果，突出科技节的空间感；

➢ 使用"变换工具"制作线条纹理，增强海报的质感；

➢ 运用"交互式透明工具"为插图及线条多个元素添加透明效果；

➢ 使用"透视工具"及"立体化工具"制作立体文字，加强文字的视觉冲击力。

1. 使用交互式工具制作放射背景

（1）运行 CorelDRAW，新建一个宽 810mm、高 580mm 的文档，命名为"科技节海报"，如图 6-6 所示。

（2）使用"矩形工具"绘制一个与页面相同大小的矩形，为矩形填充渐变色，如图 6-7 所示，并将轮廓色设置为橘红色。

图 6-6　新建文档

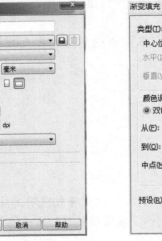

图 6-7　为矩形填充渐变色

（3）使用"椭圆工具"绘制一个椭圆，填充颜色为"无"；轮廓颜色为"白色"；轮廓宽度为 5mm，如图 6-8 所示。

（4）保持椭圆的选择状态，按下小键盘上的【+】键，在原位置再制作椭圆，然后按着 Shift 键拖动再制作椭圆的角控制柄，将其等比例缩小。

（5）使用以上方法，制作出如图 6-9 所示的 10 个同心圆，使用"选择工具"框选这 10 个同心圆，按【Ctrl+G】组合键，将其群组。

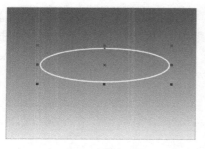

图 6-8　绘制椭圆

图 6-9　复制椭圆

（6）参照图 6-10，使用"封套工具"对群组对象的形状进行调整。

（7）参照图 6-11，使用"变形工具"为群组对象添加推拉变形效果，并调整变形图形的大小和位置。

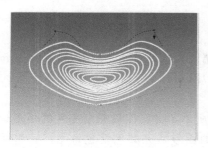

图 6-10　调整群组对象的形状

图 6-11　推拉变形

（8）使用"交互式透明工具"，为变形后的图形添加透明效果。

⚠ **操作提示**

调整完毕后，为了避免对图形误操作，可以在制作好的光线图形上右击，从弹出的菜单中选择"锁定对象"命令，将图形锁定，以方便之后的操作。

2. 制作线条纹理

（1）使用"矩形"工具在页面的左侧绘制一个长 810mm，宽 0.2mm 的长条矩形，如图 6-12 所示，填充颜色为黑色，轮廓颜色为无，调整矩形的角度，如图 6-13 所示。

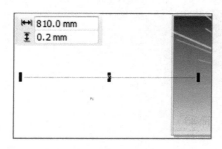

图 6-12　绘制长条矩形

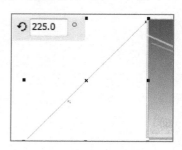

图 6-13　调整矩形的角度

（2）使用"选择工具"，选择绘制的斜线图形，执行"排列"→"变换"→"位置"命令，打开"变换"泊坞窗。参照图 6-14 设置水平移动距离为 9.0mm，副本为 155，单击"应用"按钮，将斜线铺满整个页面，效果如图 6-15 所示。

图 6-14 "变换"泊坞窗的设置   图 6-15 斜线铺满页面的效果

（3）在"对象管理器"泊坞窗中，先选中顶端的黑色长条矩形，然后按下 Shift 键的同时单击底端的黑色矩形，这样就选中了所有斜线，如图 6-16 所示。接着单击属性栏中的"群组"按钮，将其群组。

（4）在"对象管理器"泊坞窗中，如图 6-17 所示，将底部填充渐变色的矩形选中。然后按下数字小键盘上的【+】键复制矩形，将复制的图形填充颜色设置为无，轮廓颜色设置为黑色，并放置到页面空白处，如图 6-18 所示。

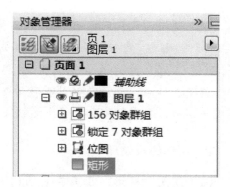

图 6-16 将斜线全部选中并群组   图 6-17 选中底部填充渐变色的矩形

图 6-18 复制矩形

（5）使用"选择"工具选中群组的斜线，执行"效果"→"图框精确剪裁"→"置于图文框内部"命令，当鼠标变为黑色箭头时，单击页面空白处矩形边缘，将斜线放置在矩形框中。将该图形移动至画布中，设置轮廓色为无，效果如图 6-19 所示。

图 6-19　剪裁并与画布对齐后的图形

3. 添加装饰并编辑图像

（1）使用"贝塞尔工具"绘制曲线图形，填充"橘红色"，轮廓色为"无"，添加透明效果如图 6-20 所示，选择"标准"、"Add"模式。

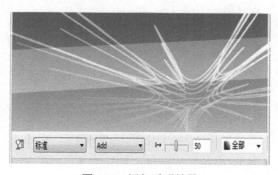

图 6-20　添加透明效果

（2）参照图 6-21，使用"贝塞尔工具"继续绘制图形，调整图形角度并分别为其填充颜色，完毕后将其群组。

图 6-21　绘制装饰图形并分别填充颜色

（3）执行"文件"→"导入"命令，导入素材"模特.jpg"文件，然后参照图 6-22 调整位图的大小、位置和角度。

（4）使用"封套"工具调整位图形状，如图 6-23 所示。

图 6-22　导入素材　　　　　　　　　　　　　图 6-23　使用"封套"工具调整形状

（5）使用"交互式透明"工具为位图添加透明效果，如图 6-24 所示。

图 6-24　为位图添加透明效果

4．制作立体标题

（1）选择"文本工具"，参照图 6-25 输入文字并设置字体和字号，为突出立体效果，最好选择粗一点的字体，本例选择的是方正综艺简体。绘制两个矩形图形，置于"倾情奉献"的两侧。

（2）选择"多边形工具"绘制一个 10 边形，使用"形状工具"拖曳其内侧节点，调整为星形标志，并为标志及文字填充颜色，效果如图 6-26 所示。

图 6-25　输入文字并设置字体和字号　　　　　图 6-26　绘制星形标志并填充颜色

（3）将所有对象群组，执行"效果"→"添加透视"命令，如图 6-27 所示。

图 6-27　为位图添加透视效果

（4）使用"立体化工具"为标题添加立体效果，解除群组，删除 10 边形表面图形，并对其他立体表面添加底纹修饰，如图 6-28 所示，"科技节"立体表面选用的底纹为"再制纸"，立体字效果如图 6-29 所示。

图 6-28　为立体表面添加底纹修饰

图 6-29　立体字效果

（5）适当调整立体文字的颜色，复制一份并填充黑色作为立体文字的背景，将背景置于立体文字之后的效果如图 6-30 所示。

（6）将立体文字及背景群组，参照图 6-31 调整其位置、角度及大小。

图 6-30　为立体文字添加背景

图 6-31　立体文字的位置、角度及大小

5. 完善与调整

（1）执行"文件"→"导入"命令，导入素材"3 色球.jpg"文件，参照图 6-32 调整位图的大小、位置和角度，并做透明处理。

（2）添加时间、主办方信息，并调整其位置、角度及大小，如图 6-33 所示。

图 6-32 添加标志 图 6-33 最终效果

（3）执行"排列"→"解除全部对象锁定"命令，将前面锁定的对象解锁。然后绘制一个与背景矩形等大的矩形，通过精确剪裁图形的方法，将页面中的所有图形放置到矩形中，完毕后将矩形的轮廓色设置为"无"。

⚠️ **操作提示**

在将图形放置到矩形内之后，图形的位置会有所改变，这时需要在图形上右击，在弹出的菜单中执行"编辑 PowerClip"命令，调整图形在矩形框中的位置。调整完毕后在图形上右击，在弹出的菜单中选择"结束编辑"命令，完成对图形的编辑。

案例 17 "7 周年庆"促销海报设计

📬 **案例描述**

综合运用"位图颜色遮罩"、"调和"、"艺术笔"、"图框精确剪裁"等工具，参照图 6-34 效果，完成"7周年庆"促销宣传海报的制作，要求主题明晰，形式新颖，以较强的表现力给消费者留下深刻的印象。

图 6-34 "7 周年庆"海报效果

案例解析

在本案例中，需要完成以下操作：

➢ 使用"渐变填充"工具制作背景；
➢ 使用"位图颜色遮罩"及"透明"工具制作背景花纹；
➢ 使用"调和"工具制作花束；
➢ 运用"艺术笔"工具添加装饰礼盒；
➢ 使用"文本"工具制作标题文字；
➢ 使用"图框精确剪裁"工具制作文字上的装饰花朵。

1. 制作海报背景

（1）执行"文件"→"新建"命令，在弹出的"创建新文档"对话框中设置，单击"确定"按钮，新建一个空白文档，如图 6-35 所示。

（2）选择"视图"→"标尺"命令，显示文档标尺，从标尺中拖出辅助线作为出血线，在此处设置出血线距离为四边各留 3mm。如图 6-36 所示。

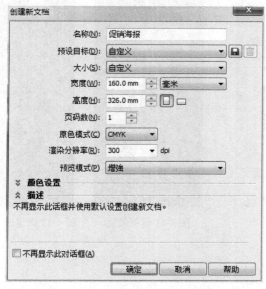

图 6-35 "创建新文档"对话框

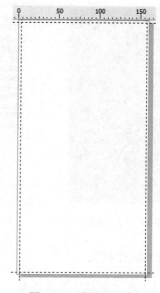

图 6-36 设置出血线

（3）单击工具箱中的"渐变填充"按钮，在弹出的"渐变填充"对话框中设置渐变如图 6-37 所示，色标颜色值分别设置为 CMYK（27，100，100，45）和 CMYK（4，100，100，0），选择"矩形工具"在画布中拖曳出同画布一样大的矩形，填充渐变效果如图 6-38 所示。

（4）执行"文件"→"导入"命令，选择素材"花纹.jpg"，将素材导入页面中，调整位置如图 6-39 所示。

（5）执行"位图"→"位图颜色遮罩"命令，在"位图颜色遮罩"泊坞窗中用吸管选取需要隐藏的颜色，如图 6-40 所示，单击"应用"按钮，效果如图 6-41 所示。

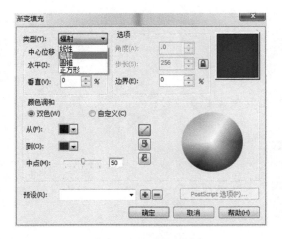

图 6-37　设置渐变颜色

图 6-38　渐变效果

（6）使用"封套"工具调整花纹形状，再用"透明度"工具调整透明度，完成背景制作，效果如图 6-42 所示。

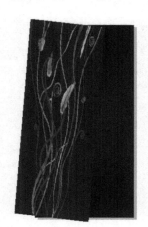

图 6-39　导入素材

图 6-40　隐藏颜色

图 6-41 遮罩效果

图 6-42 调整透明度

2. 制作花束

（1）用"钢笔"工具绘制一个花瓣，填充颜色为粉红色，轮廓宽度为无；如图 6-43 所示，复制一份花瓣，修改其填充颜色为"无"，轮廓颜色为"黄色"，参数设置如图 6-44 所示。

（2）选中粉红色花瓣，单击花瓣图形，将中心点移至花瓣下端，如图 6-45 所示。执行"排列"→"变换"→"位置"命令，或使用【Alt+F7】组合键，参照图 6-46，在"变换"泊坞窗中设置旋转角度及副本数，单击"应用"按钮。

（3）按照以上方法，将花瓣轮廓做相同操作，制作花朵效果如图 6-47 所示。

（4）将花朵及轮廓分别群组，复制并填充不同颜色，然后旋转并与花朵轮廓摆放在一起，分别将摆放好的花朵群组，效果如图 6-48 所示。

（5）将群组好的花朵复制一份，调整大小，参照图 6-49 摆放在画布上，选择"调和工具"，选中上方小花朵，按住鼠标左键不放拖动到下面的花朵上，松开鼠标左键，效果如图 6-49 所示。

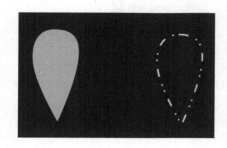

图 6-43 花瓣及花瓣轮廓

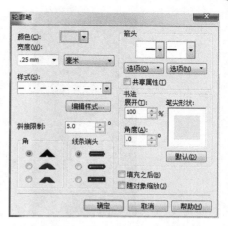

图 6-44 花瓣轮廓的参数设置

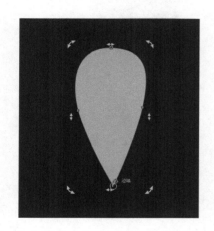

图 6-45 花瓣及花瓣轮廓

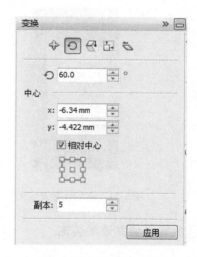

图 6-46 花瓣轮廓的设置

图 6-47 用花瓣及花瓣轮廓制作花朵

图 6-48 群组花朵及轮廓

（6）绘制一条曲线，选中调和后的花朵，执行"路径属性"→"新路径"命令，移动黑色箭头至绘制好的曲线并单击，调整步长数为 24，效果如图 6-50 所示。

（7）在工具栏中选择"逆时针调和"，在"更多调和选项"中勾选"沿全路径调和"、"旋转全部对象"，设置及效果如图 6-51 所示。

（8）按照以上方法调和出另外两条花束，效果如图 6-52 所示。

图 6-49　调和效果

图 6-50　沿路径调和效果

图 6-51　调和设置及效果

图 6-52　花束效果

3. 编辑图像并添加装饰

（1）执行"文件"→"导入"命令，导入素材"周年庆模特.jpg"文件，然后参照图 6-53 所示调整位图的大小、位置和角度。

（2）执行"位图"→"位图颜色遮罩"命令，在"位图颜色遮罩"泊坞窗中用吸管选取需要隐藏的颜色，单击"应用"按钮，效果如图 6-54 所示。

图 6-53　导入位图

图 6-54　位图颜色遮罩

（3）选择"艺术笔"，在工具栏中选择"喷涂"，类别选择"对象"，找到如图 6-55 所示的艺术笔触，在页面空白处画出艺术笔群组图形，执行"拆分艺术笔群组"命令，继续"分解群组"，得到不同样式的礼盒。

（4）将礼盒复制并调整位置、大小，参照图 6-56 摆放在画布中。

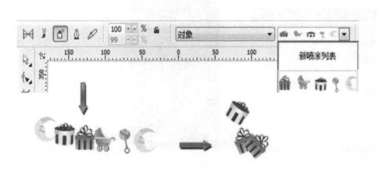

图 6-55 通过艺术笔获得礼盒图形　　　　图 6-56 摆放礼盒

4．制作标题文字

（1）选择文本工具，参照图 6-57 输入文字并设置字体和字号，复制两朵小花到文字 7 上。

（2）选中两朵小花，进行群组，执行"效果"→"图框精确剪裁"→"置于图文框内部"，当出现黑色箭头时，将箭头移至"7"的边缘并单击，效果如图 6-58 所示。

图 6-57 输入文字并设置字体和字号　　　　图 6-58 图框精确剪裁效果

（3）将绘制好的标题文字群组并移动到画布左上方。

（4）在画布底部绘制矩形并填充颜色，如图 6-59 所示，输入时间、地点等文字，并装饰小花朵。

图 6-59 绘制矩形并输入文字

5. 完善与调整

（1）依次选择调和好的花束，执行"排列"→"拆分路径群组上的混合"命令，使用"选择工具"选中路径并删除，调整去除路径的三条花束位置如图 6-60 所示。

图 6-60　去除调和路径

（2）如图 6-61 所示，绘制一个与背景矩形等大的矩形，通过精确剪裁图形的方法，将页面中的所有图形都放置到矩形中，选择"编辑 PowerClip"命令，全选所有对象，调整位置后单击鼠标右键，选择"结束编辑"命令，完成编辑。

（3）调整完毕后将矩形的轮廓色设置为"无"，移动至画布内，最终效果如图 6-62 所示。

图 6-61　精确剪裁　　　　　　　　　　　　　图 6-62　最终效果

6.5　案例小结

现代社会是一个广告的世界，海报作为广告的组成部分，不能仅仅局限于平面之上，更深层次是要表达一种思想、一种意境，发人深省、耐人寻味。

要设计好海报，需要先了解海报的特点及构思、构图、绘制的一般过程，然后再运用各种工具软件进行海报设计。设计的海报，必须有相当的号召力与艺术感染力，要调动形象、色彩、构图、形式等因素形成强烈的视觉效果；它的画面应该有较强的视觉中心，应该力求新颖、单纯，还必须具有独特的艺术风格和设计特点。

要使设计出的海报具有创意，首先要学会欣赏，从欣赏别人作品的过程中自我学习，使创意思考能力得到提高。通过生活中的海报欣赏，可以分析总结海报的设计要求。海报设计的主要要求是：主题明确、构图单纯、形式新颖、色彩分明。

欣赏作品需要懂得方法，不能只看表面，要能发现其中的含义。观赏别人的创作，会发现许多新鲜刺激的点子，进而找到各种表现手法来表达自己的观点和想法，同时也会帮助自己更突显出日常所熟悉的美术工具和技法，因此，学习是创作更好的广告作品的方法。

 思考与实训 6

一、填空题

1．海报也称_____，英文名称为_____，是在公共场所以张贴或散发形式发布的一种印刷品广告。

2．海报内容真实准确，语言精练，篇幅短小，往往根据内容需要搭配适当的_____，以增强宣传的表现力和感染力。

3．常见的海报主要有 4 种：_____、_____、_____和_____。

4．在案例 16 中，背景光线的制作中使用了_____工具为群组对象添加推拉变形效果。

5．在案例 17 中，将素材"周年庆模特.jpg"导入后，先使用_____工具调整位图形状，再使用_____工具为位图添加透明效果。

6．在案例 16 和案例 17 中，都采用了精确剪裁图形的方法，对页面中的所有图形都进行精确剪裁。在弹出的菜单中执行_____命令，调整图形在矩形框中的位置。调整完毕后在图形上右击，在弹出的菜单中选择_____命令，完成对图形的编辑。

7．在案例 17 中，用花瓣制作花朵时，先选中花瓣，执行"排列"→"变换"→"位置"命令，或使用_____快捷键，在_____泊坞窗中设置旋转角度及副本数，最后单击"应用"按钮。

8．在案例 17 中，用花朵制作花束的过程中，绘制一条曲线作为路径，选中调和后的花朵，执行"路径属性"→_____命令，移动_____色箭头至绘制好的曲线并单击。

二、上机实训

1．上机巩固 CorelDRAW 的各种"调和"工具的使用，包括变形、封套、立体化、透明度等。

2．参照图 6-63，完成高尔夫俱乐部宣传海报的制作。

图 6-63　预览效果

模块七

书籍装帧设计

案例 18 书籍装帧设计（平装）

 案例描述

本案例主要进行书籍的设计与制作，最终效果如图 7-1 所示。

图 7-1 书籍设计（平装）最终效果

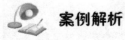 **案例解析**

在本案例中，需要完成以下操作：

➢ 辅助线的设置；

➢ 手绘工具和矩形工具的使用；

> 填充工具的使用；
> 条形码的制作。

（1）启动 CorelDRAW X6，执行菜单"文件"→"新建"命令，打开"新建"对话框，新建空白文档"书籍装帧（1）"，建立一个新的文件（或按键盘上的【Ctrl+N】组合键）。执行"工具"→"选项"命令，打开"选项"对话框，设置页面参数如图 7-2 所示。按照参数设置，单击"确定"按钮，保存设置。

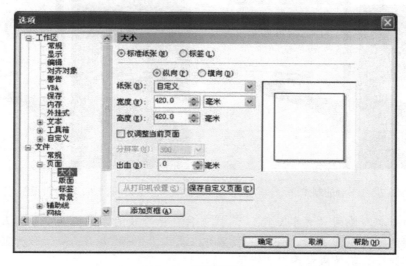

图 7-2　设置页面大小

（2）使用"矩形工具"绘制两个 148.5mm×210mm 的矩形，并用"填充工具"对其进行填充，分别填充颜色 C:0 M:0 Y:0 K:90 和 C:0 M:0 Y:15 K:0，效果如图 7-3 所示。

（3）使用"贝塞尔工具"和"形状工具"绘制一个弯曲的小溪状，并对它填充颜色，填充颜色为 C:0 M:0 Y:0 K:90，把轮廓线改为"无"，绘制完成后复制并粘贴一个同样大小的图形，把填充颜色改为 C:0 M:0 Y:15 K:0，并放置到相应的位置，用辅助线把两个图形放到同一高度上。阶段效果如图 7-4 所示。

图 7-3　阶段效果图

图 7-4　阶段效果图

（4）制作书籍的书脊。使用"矩形工具"绘制一个 140mm×7mm 的矩形，填充颜色 C:0 M:0

Y:0 K:90，将它的轮廓线改为"无"，选中它并对其进行拉伸、调整和更改颜色，然后放置在相应的位置。效果如图 7-5 所示。

（5）把"素材库"中的"自行车.cdr"导入到"书籍装帧（1）"文件中，复制、粘贴一个，可以适当调整一下大小，用"吸管工具" 🖋 给复制的那个"自行车"更改颜色，改颜色的时候注意不要去掉轮廓线，要等"填充工具"变成 🖦 的时候再进行更改，阶段效果图如图 7-6 所示。

图 7-5　书脊的制作　　　　　　　　　　图 7-6　阶段效果图

（6）添加书名。使用"文字工具" 字 找一种自己喜欢的字体输入"自由人"，用"辅助线"从三个字的中间位置穿过，使用"贝塞尔工具" ↘ 贝塞尔(B) 和"形状工具" ↘ 对它进行抠图和设计。分割效果如图 7-7 所示。

（7）把分割好的字体放到"书脊"的中线上并更改颜色。把这三个字分别群组后，再放到书的封皮上，阶段效果如图 7-8 所示。

图 7-7　字体分割效果　　　　　　　　　　图 7-8　阶段效果图

（8）最后制作条形码，执行"编辑"→"插入条形码"命令，打开"条形码向导"对话框。在对话框中键入"1234567890"，单击"下一步"按钮，保留默认值，依次单击"完成"按钮，"条形码向导"对话框和完成条形码的设置结果如图 7-9 所示。

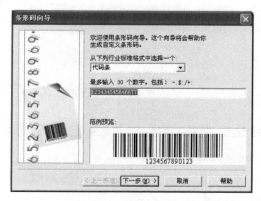

图 7-9　"条形码向导"对话框和完成条形码的设置结果

（9）使用"文本工具"输入作者的姓名和定价，用"椭圆工具"绘制一个 ◎，阶段效果如图 7-10 所示。

图 7-10　阶段效果图

（10）给上下左右添加上出血线，用"矩形工具"贴着每一个边留出 3mm 的出血。最终效果如图 7-11 所示。

图 7-11　最终效果

案例 19　书籍装帧设计（精装）

案例描述

本案例主要装帧设计一本精装书，包括封皮、封底、书脊、护封、扉页，最终效果如图 7-12 所示。

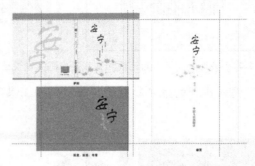

图 7-12　书籍装帧（精装）最终效果

案例解析

在本案例中，需要完成以下操作：

➢ 颜色填充、素材添加设置；
➢ 文字添加设置；
➢ 条形码的制作。

设置页面大小

启动 CorelDRAW X6，执行菜单"文件"→"新建"命令，打开"新建"对话框，新建空白文档"书籍装帧设计（精装）"，建立一个新的文件（或按键盘上的【Ctrl+N】组合键）。执行"工具"→"选项"命令，打开"选项"对话框，设置页面大小的参数如图 7-13 所示。按照参数设置，单击"确定"按钮，保存设置。

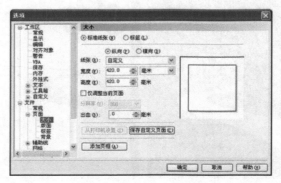

图 7-13　设置页面大小

制作封皮、封底和书脊

（1）使用"矩形工具"绘制一个 314mm×225mm 的矩形，并用"填充工具"对其进行"底纹填充"中选择"seurat 近观"，更改第一矿物质的颜色 C:71 M:0 Y:99 K:0，第二矿物质的颜色 C:16 M:28 Y:65 K:0，效果如图 7-14 所示。

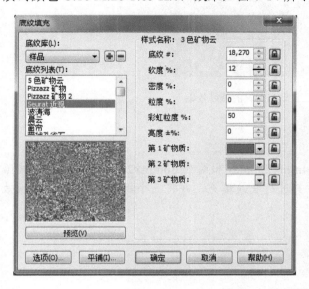

图 7-14　封皮的阶段效果

（2）添加书名。使用"文字工具"找到"方正舒体"、"字号"为"167"。计算出同样大的封皮和封底，留出书脊。阶段效果如图 7-15 所示。

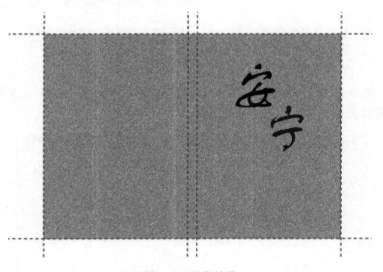

图 7-15　阶段效果

（3）添加"小花 1.cdr"素材。找到素材库中的"小花 1.cdr"添加到此文件中。封皮、封底和书脊最终效果如图 7-16 所示。

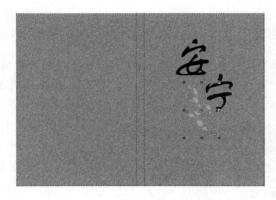

图 7-16 封皮、封底和书脊的最终效果

制作护封

（1）使用"矩形工具" 绘制一个 314mm×225mm 和两个 50mm×225mm 的矩形，按照制作封皮、封底和书脊步骤（1）的方法对其进行底纹填充，并将三个矩形"群组"，阶段效果如图 7-17 所示。

图 7-17 阶段效果

（2）使用"矩形工具" 绘制两个矩形，填充颜色为"金色"，分别放置在腰封的上边和下边，并用辅助线把整个腰封进行分割，效果如图 7-18 所示。

图 7-18 护封分割效果

（3）使用"文字工具"**字** 找到"方正舒体"，写到腰封相应的位置处。再用别的字体输入作者名和出版社名等，按照图 7-19 所示的参考设置不同的字体、字号和颜色。

图 7-19　阶段效果图

（4）制作条形码，执行"编辑"→"插入条形码"命令，打开"条形码向导"对话框。在对话框中键入"1345698"，单击"下一步"按钮，保留默认值依次单击"完成"按钮，"条形码向导"对话框和完成条形码的设置结果如图 7-20 所示。

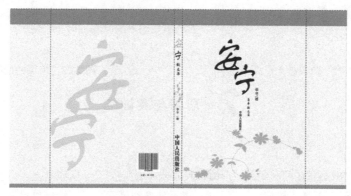

图 7-20　插入条形码

（5）添加"小花 1.cdr"和"小花 2.cdr"素材。找到素材库中的"小花 1.cdr"和"小花 2.cdr"添加到此文件中。护封最终效果如图 7-21 所示。

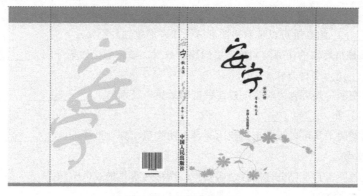

图 7-21　护封最终效果

制作扉页

（1）使用"矩形工具"□绘制一个153mm×225mm的矩形。
（2）使用"文字工具"字，按照图7-22所示的参考添加文字。
（3）添加"小花2.cdr"素材到扉页上，扉页的最终效果如图7-23所示。

图7-22　阶段效果　　　　　　　　　　　　图7-23　扉页的最终效果

 思考与实训 7

一、填空题

1．CorelDRAW X6提供了两种绘制矩形的工具，分别是_____和_____。

2．单击"椭圆形"工具，按住_____键不放拖动鼠标，可以绘制以鼠标单击点为中心的椭圆形；按住_____不放拖动鼠标，可以绘制出一个圆形；按住_____键不放拖动鼠标，可以绘制出以鼠标单击点为中心的圆形。

3．基本形状工具组包含5种预设形状工具，分别是_____、_____、_____、_____、_____。

4．按_____组合键可以把网格图形拆分成许多单独的小矩形。

5．轮廓图效果是指对象的轮廓内向外发射的层次效果，该轮廓化效果分别为_____、_____、_____3种方式。

6．使用交互式变形工具可以为对象创建3种变形效果，分别为_____、_____和_____。

7．使用交互式透明工具可以为图形创建出4种透明类型，分别是标准、_____、_____和底纹等。

8．使用交互式透明工具可以创建图样透明效果，图样透明包括双色图样、_____、_____3种类型。

9．CorelDRAW X6 中，文本对象分为＿＿＿＿＿＿＿＿＿＿＿和段落文本。

10．在"字符格式化"对话框中可以设置文本的 3 种下画线，分别是＿＿＿＿＿＿＿、＿＿＿＿＿＿和＿＿＿＿＿＿。

二、上机实训

1．制作如图 7-24 所示书籍的封皮。

图 7-24　书籍封皮

2．根据前面所学的知识，设计一本设计感较强的书籍。效果如图 7-25 所示。

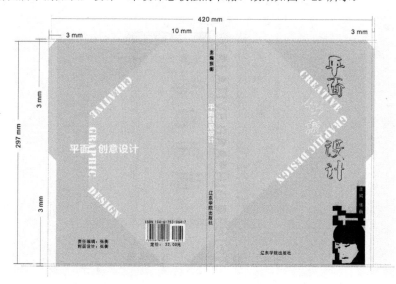

图 7-25　书籍设计效果

模块八

包装盒设计

案例 20　酒盒包装设计与制作

　案例描述

本案例主要进行一款酒盒包装的设计与制作，最终效果如图 8-1 所示。

图 8-1　酒盒包装设计最终效果

　案例解析

在本案例中，需要完成以下操作：

➢ 辅助线的设置；

> 交互式阴影工具、交互式封套工具的设置；
> 纹理填充、渐变填充设置；
> 焊接命令、镜像操作；
> 条形码的制作。

（1）启动 CorelDRAW X6，执行菜单"文件"→"新建"命令，打开"新建"对话框，新建空白文档"包装盒"，建立一个新的文件（或按键盘上的【Ctrl+N】组合键）。执行"工具"→"选项"命令，打开"选项"对话框，设置页面参数如图 8-2 所示。按照参数进行设置，单击"确定"按钮，保存设置。

（2）在标尺任意位置单击鼠标右键，弹出浮动菜单如图 8-3 所示。

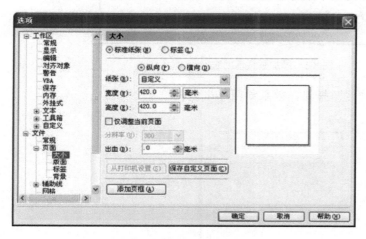

图 8-2　设置页面大小

图 8-3　设置辅助线

（3）在菜单中选择"辅助线设置"选项，弹出"选项"对话框，在对话框中设置"水平"辅助线，参数如图 8-4 所示；采用同样的方法在对话框中设置"垂直"辅助线，参数如图 8-5 所示。

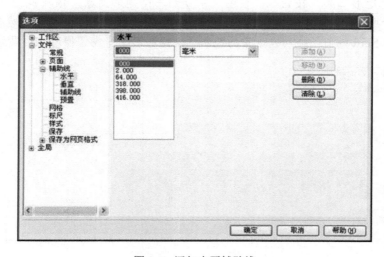

图 8-4　添加水平辅助线

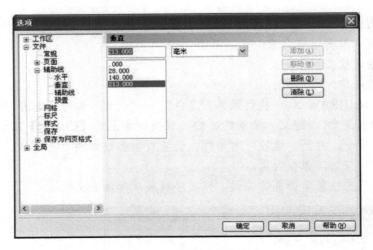

图 8-5　添加垂直辅助线

（4）设置完成后，单击"确定"按钮，效果如图 8-6 所示。

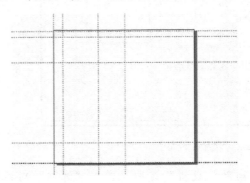

图 8-6　设置辅助线

（5）单击"矩形工具"按钮，在图层中绘制一个矩形对象。依次执行"效果"→"封套"命令，打开"封套"设置窗口，如图 8-7 所示。在对话框中选择按钮，然后单击"添加封套"按钮，按住 Shift 键向下拖动左上角的控制点，矩形形状变成了梯形，效果如图 8-8 所示。

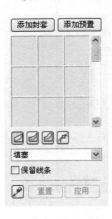

图 8-7　设置封套参数

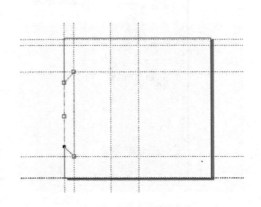

图 8-8　添加封套效果

（6）在工具箱中选择"矩形工具" ，在如图 8-9 所示的位置绘制矩形对象，并设置其"圆角程度"为 30。

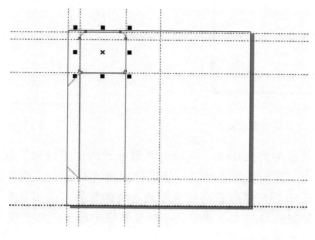

图 8-9　绘制矩形

（7）再次利用"矩形工具" ，在圆角矩形下部绘制矩形对象，依次执行"排列"→"整形"→"焊接"命令，打开如图 8-10 所示对话框。单击"焊接于"按钮，此时鼠标形状变为黑色的箭头，用黑色的箭头单击顶盖矩形，将两个矩形焊接在一起，效果如图 8-11 所示。

图 8-10　设置焊接参数图

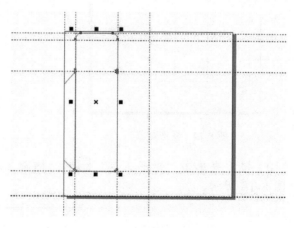

图 8-11　设置焊接效果

（8）先用鼠标在水平标尺处拖出一条水平辅助线，再利用"矩形工具" 在新增加的辅助线与其上面的辅助线之间绘制一矩形。向下移动底部矩形的下边延伸柄到辅助线"2"处，单击鼠标右键复制一个矩形。将复制后的矩形宽度设置为 50，设置其"圆角程度"为 30，将矩形圆角化。选择矩形对象，再次利用"交互式封套工具" ，在属性栏上选择 按钮，依次按下 Shift 键向右移动左下角的控制点到圆角化的矩形两边，效果如图 8-12 所示。同时选择执行封套操作的对象与复制矩形对象，依次执行"排列"→"整形"→"焊接"命令，将梯形和圆角化矩形焊接起来。再次利用"矩形工具" ，绘制矩形对象，依次利用"交互式封套工具" 改变矩形的形状为不规则的梯形，如图 8-13 所示。

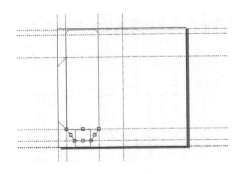

图 8-12　设置封套效果

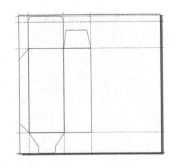

图 8-13　设置封套

（9）选择不规则的梯形对象，向下拖动对象到合适的位置时按下鼠标右键复制对象，然后利用"形状工具" ，改变其节点形状，最后隐藏所有辅助线，效果如图 8-14 所示。选中正面和侧面的矩形，按住 Ctrl 键向右拖动矩形到合适的位置，单击鼠标右键复制矩形的两个面。采用同样的方法复制侧面的上下盒盖，并在属性栏中单击"水平镜像"按钮 ，产生水平方向上的镜像效果，如图 8-15 所示。

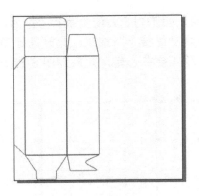

图 8-14　变形对象

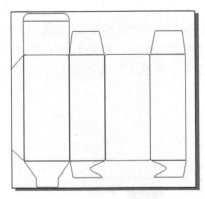

图 8-15　镜像效果

（10）接下来单击"矩形工具" 和"椭圆工具" ，绘制出另一面的上下盒盖，效果如图 8-16 所示。

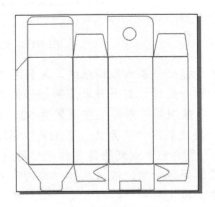

图 8-16　绘制椭圆与矩形

（11）完成上面操作，酒瓶盒的大致形状绘制完毕，接下来给对象设置填充操作，选择中间的矩形对象，依次在工具箱中单击"纹理填充工具"按钮，打开"底纹填充"对话框，其他参数设置如图 8-17 所示。单击"确定"按钮，执行效果如图 8-18 所示。

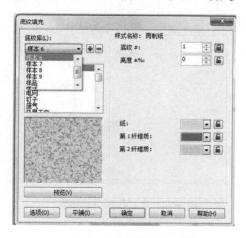

图 8-17　设置纹理填充参数

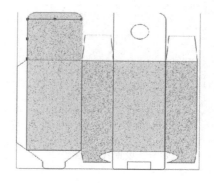

图 8-18　设置纹理填充

（12）选择顶盖的矩形对象，按住小键盘上的【+】键，在原来位置复制一个矩形。选择复制对象，然后按住 Shift 键向中间拖动矩形，等比例缩放矩形。

（13）依次在工具箱中选择"轮廓工具"，给对象设置外框，设置参数如图 8-19 所示。单击"确定"按钮，执行效果如图 8-20 所示。

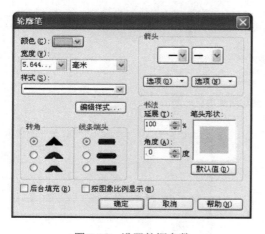

图 8-19　设置外框参数

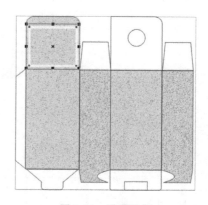

图 8-20　设置外框

（14）采用同样的方法绘制其他 4 个面的灰色轮廓作为装饰，效果如图 8-21 所示。选择设置外框的矩形对象，依次在工具箱中选择"渐变填充工具"，将对象填充的 CMYK 值设置为（40，60，0，0）和（20，40，0，0），其他参数设置如图 8-22 所示。

（15）设置完成后，单击"确定"按钮，效果如图 8-23 所示。

（16）在工具箱中选择"文本工具"，在图层中键入文本"桂花玉酒"，设置"文本字体"为"隶书"，"文本大小"为"100"，"颜色"为"紫色"，效果如图 8-24 所示。选择文本

图形图像处理（CorelDRAW X6）

对象，依次利用"交互式阴影工具" ，设置"阴影不透明度"为 50、"阴影羽化程度"为 10，效果如图 8-25 所示。

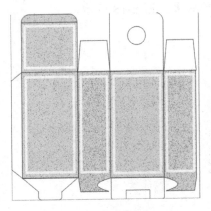

图 8-21　设置其他边框

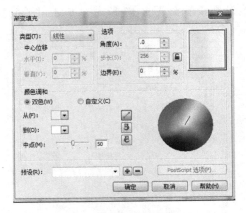

图 8-22　设置渐变填充参数

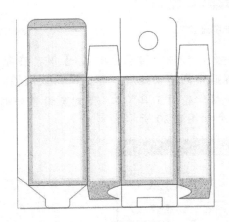

图 8-23　设置渐变填充

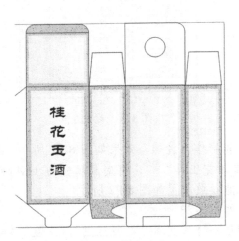

图 8-24　键入文本

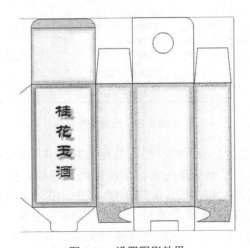

图 8-25　设置阴影效果

（17）再次利用"文本工具" 在图层中键入"酒精度：39%，净重：500ml"，设置"文本字体"为"宋体"，"文本大小"为"24"，"颜色"为"黑色"，效果如图 8-26 所示。利用"椭圆工具" 绘制一个椭圆，将对象填充的 CMYK 值设置为（0，60，100，0）。

（18）依次执行"文字"→"插入字符"命令，打开"插入字符"窗口，在下拉列表框中选择"Webdings"选项，对话框如图 8-27 所示。

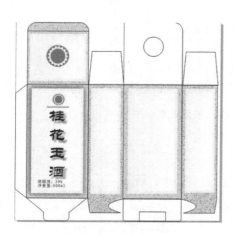

图 8-26　键入文本　　　　　　　　　图 8-27　设置插入字符

（19）在对话框中选择 ○ 选项，用鼠标将其拖曳出来，并设置其填充的 CMYK 值为（60，0，20，0），调整对象的位置和大小，效果如图 8-28 所示。用鼠标同时选择 2 个对象，依次在属性栏中选择"修剪"按钮 ，执行效果如图 8-29 所示。同时选择修剪后的对象与来源对象，依次执行"排列"→"结合"命令，将两个对象结合在一起，并给结合对象外框填充的 CMYK 值设置为（0，0，40，0）。

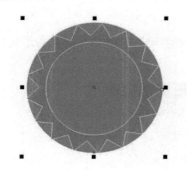

图 8-28　设置符号　　　　　　　　　图 8-29　设置修剪操作

（20）将对象缩小放置在页面中，并复制对象，放置效果如图 8-30 所示。

（21）利用"文本工具" 在另一侧面上面键入"优质产品　金装上市"，在下面键入"香型：浓香型；配料：小麦、高粱、大米；产品标准号：GB867-99；生产日期：见盒盖内"，设置"文本字体"为"宋体"，"文本大小"为"16"。依次在图 8-28 所示窗口中选择 图标放置在"优质产品　金装上市"下面，将对象填充的 CMYK 值设置为（0，20，100，0），效果如图 8-31 所示。接下来复制文本与图标放置在另一侧面上，效果如图 8-32 所示。

图 8-30　放置效果

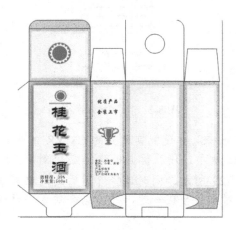

图 8-31　设置图标与文本

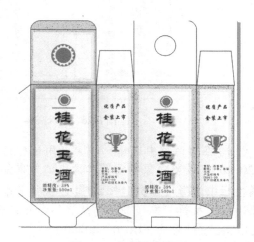

图 8-32　复制其他侧面

（22）最后制作条形码，执行"编辑"→"插入条形码"命令，打开"条形码向导"对话框，如图 8-33 所示。

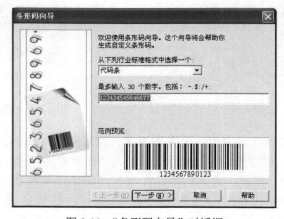

图 8-33　"条形码向导"对话框

（23）在对话框中键入"123434545646677"，单击"下一步"按钮，保留默认值，依次单击"完成"按钮，完成条形码的设置结果如图8-34所示。

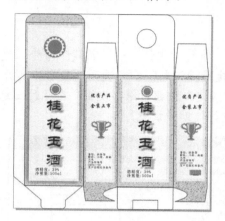

图8-34　条形码效果

案例21　糖果盒包装设计与制作

 案例描述

本例介绍的是一款糖果盒包装设置，具体效果如图8-35所示。

图8-35　糖果盒包装设计最终效果

 案例解析

在本案例中，需要完成以下操作：
➤ "交互式阴影工具"、"交互式封套工具"的设置；

> 焊接命令、镜像操作；
> 颜色填充、素材添加设置；
> 文字添加设置；
> 条形码的制作。

（1）新建一个空白文件，执行"文件"→"新建"命令，建立一个新的文件（或按键盘上的【Ctrl+N】组合键）。执行"工具"→"选项"命令，打开"选项"对话框，设置页面参数如图8-36所示。单击"确定"按钮，保存设置。在标尺任意位置单击鼠标右键，弹出浮动菜单，如图8-37所示，进行辅助线设置。

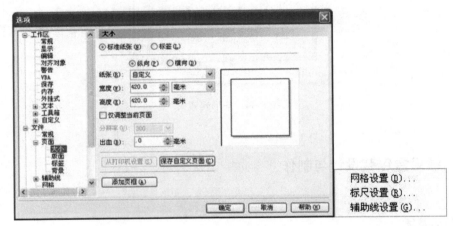

图 8-36　设置页面大小

（2）进行糖果盒骨架绘制。单击"矩形工具"按钮，在图层中绘制一个矩形对象。依次执行"效果"→"封套"命令，打开"封套"设置窗口，如图8-38所示。

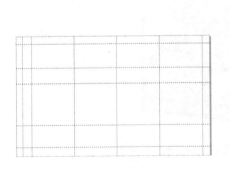

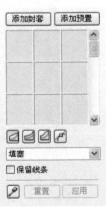

图 8-37　设置辅助线　　　　　　　　　图 8-38　设置封套参数

（3）在对话框中选择按钮，然后单击"添加封套"按钮，按住 Shift 键向下拖动左上角的控制点直至矩形形状变成梯形，效果如图8-39所示。

（4）在工具箱中选择"矩形工具"，在如图 8-40 所示的位置绘制矩形对象，并设置其"圆角程度"为"80"。

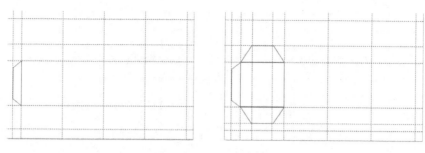

图 8-39　添加封套效果

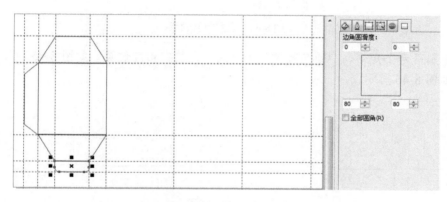

图 8-40　添加封套效果

（5）再次利用"矩形工具" ，在圆角矩形下部绘制矩形对象，依次执行"排列"→"焊接"命令，打开如图 8-41 所示对话框。先画两个椭圆相交，然后选择"排列"→"焊接"命令，将其放到梯形处执行"排列"→"焊接"命令，如图 8-42 所示。然后，复制左侧图形，如图 8-43 所示。

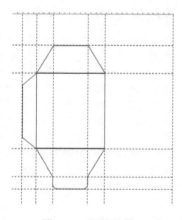

图 8-41　焊接效果

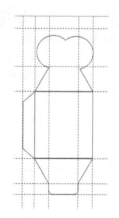

图 8-42　两椭圆焊接图

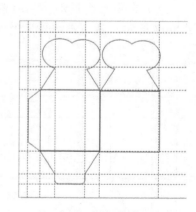

图 8-43　复制左侧图形

（6）利用"矩形工具" ，绘制一矩形。设置其"圆角程度"为"30"，将矩形圆角化。选择矩形对象，再次利用"交互式封套工具" ，在属性栏上选择 按钮，依次按下 Shift 键向右移动左下角的控制点到圆角化的矩形两边，效果如图 8-44 所示。

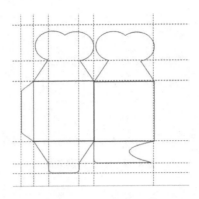

图 8-44　设置封套效果

（7）分别画两个矩形，"圆角程度"为"50"，放在相应位置，如图 8-45 所示。复制左侧图形，如图 8-46 所示。

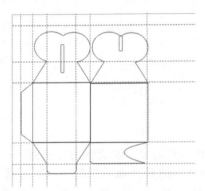

图 8-45　画两个矩形

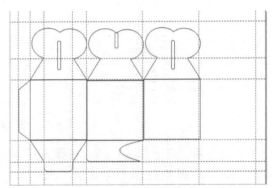

图 8-46　复制左侧图形

（8）在第三个图形下面绘制两个矩形，执行"排列"→"造形"→"简化"命令，如图 8-47 所示。复制左侧第二个图形，如图 8-48 所示。

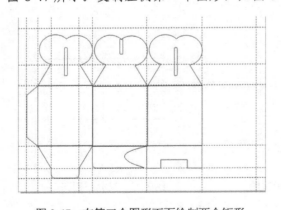

图 8-47　在第三个图形下面绘制两个矩形

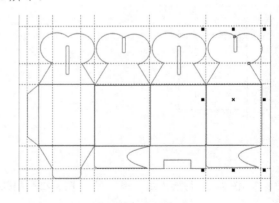

图 8-48　复制左侧第二个图形

（9）在属性栏中单击"水平镜像"按钮 ，产生水平方向上的镜像效果，效果如图 8-49 所示。

（10）填充糖果盒。选择填充对象，设置填充颜色 C:0 M:10 Y:100 K:0，如图 8-50 所示。

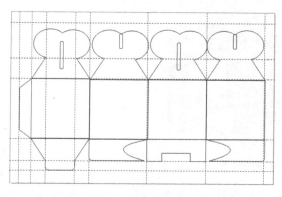

图 8-49 镜像对象

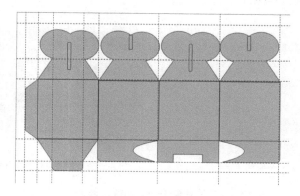

图 8-50 颜色填充效果

（11）接下来，进行素材添加，将素材库中的素材 1、素材 2 添加到图中，如图 8-51 所示。

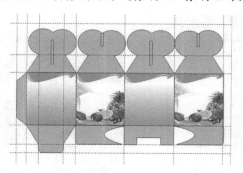

图 8-51 素材填加效果

（12）使用文字工具，添加"好滋味 水果糖"标题。"字体"为"华文琥珀"，"字号"为"24"，如图 8-52 所示；然后添加素材 3，如图 8-53 所示。

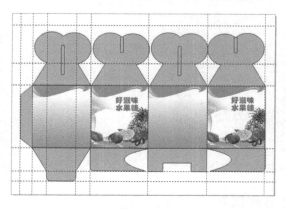

图 8-52 填加文字标题效果

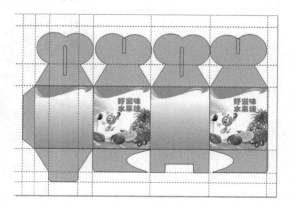

图 8-53 填加文字标题效果

（13）键入文字说明。利用"文本工具" 字 在另一侧面上面键入产品相关信息，品名、产品类型、配料、食品生产许可证、产品标准号、地址、制造商、保质期等。字体为 4.54pt，效果如图 8-54 所示。

图 8-54　填加文字说明效果

（14）接下来制作条形码，执行"编辑"→"插入条形码"命令，打开"条形码向导"对话框，如图 8-55 所示；在对话框中键入"123434545646677"，单击"下一步"按钮，保留默认值依次单击"完成"按钮，完成条形码的设置结果如图 8-56 所示。

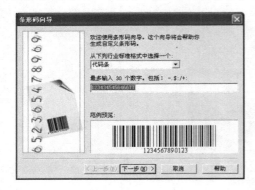

图 8-55　设置条形码　　　　　　　　　　　图 8-56　添加条形码效果

（15）最后添加素材库中的素材 4，使画面更活泼、更完整，如图 8-57 所示。

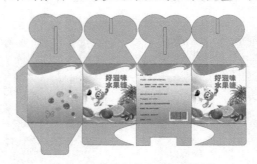

图 8-57　糖果包装盒制作完成图

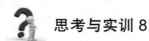 思考与实训 8

一、填空题

1. 导入文件的组合键是_____，导出文件的组合键是_____。

2．页面设计的辅助工具有_____、_____和_____。

3．按住_____键不放，用鼠标拖动标尺，即可将水平标尺或者垂直标尺移动到工作界面中任意的位置，按住_____键的同时双击标尺，可以让标尺回到默认状态。

4．在CorelDRAW X6的"视图"菜单中提供了5种图形的显示模式，分别为_____、_____、_____、_____。

5．CorelDRAW X6中节点包括3种类型，分别是_____、_____和_____。

6．使用"形状工具"在曲线上_____操作可以增加节点，选中节点，执行_____操作可以删除节点。

7．艺术笔工具提供了5种艺术笔模式，分别是_____、_____、_____、_____、_____。

8．单击"形状工具"按住_____键不放，依次单击需要选择的节点，可以选择多个节点，按下鼠标左键不放并拖动，也可以框选多个节点。

9．选中 CorelDRAW X6 中的图形，按住_____组合键可以将其转化成曲线。

二、上机实训

1．综合运用前面所学知识，制作如图 8-58 所示的化妆品包装盒。

图 8-58　化妆品包装盒

2．用"手绘工具"、"文字工具"等制作包装盒的标签，效果如图 8-59 所示。

图 8-59　包装盒标签

反侵权盗版声明

电子工业出版社依法对本作品享有专有出版权。任何未经权利人书面许可，复制、销售或通过信息网络传播本作品的行为；歪曲、篡改、剽窃本作品的行为，均违反《中华人民共和国著作权法》，其行为人应承担相应的民事责任和行政责任，构成犯罪的，将被依法追究刑事责任。

为了维护市场秩序，保护权利人的合法权益，我社将依法查处和打击侵权盗版的单位和个人。欢迎社会各界人士积极举报侵权盗版行为，本社将奖励举报有功人员，并保证举报人的信息不被泄露。

举报电话：（010）88254396；（010）88258888

传　　真：（010）88254397

E-mail：　dbqq@phei.com.cn

通信地址：北京市万寿路 173 信箱

　　　　　电子工业出版社总编办公室

邮　　编：100036